Kohlhammer

Björn Liedtke

Hubrettungsfahrzeuge im technischen Hilfeleistungseinsatz

Verlag W. Kohlhammer

1. Auflage 2021

Alle Rechte vorbehalten
© W. Kohlhammer GmbH, Stuttgart
Gesamtherstellung: W. Kohlhammer GmbH, Stuttgart

Print:
ISBN 978-3-17-031515-0

E-Book-Formate:
pdf: ISBN 978-3-17-035390-9
epub: ISBN 978-3-17-035391-6
mobi: ISBN 978-3-17-035392-3

Inhaltsverzeichnis

Inhaltsverzeichnis

Inhaltsverzeichnis

1 Einleitung

Die Rettung von Menschen aus akuten Gefahrensituationen ist die originäre Hauptaufgabe von Hubrettungsfahrzeugen, darüber hinaus werden Drehleitern und Hubarbeitsbühnen jedoch häufig auch bei der Tierrettung, der Brandbekämpfung und zu Technischen Hilfeleistungen eingesetzt. Diese unterschiedlichen Einsatzanlässe erfordern differenzierte Einsatzgrundsätze und gehen teilweise mit sehr spezifischen Anforderungen an die jeweilige Durchführung einher. Die Besatzung eines Hubrettungsfahrzeuges muss daher über individuelle, fundierte und qualifizierte Fachkenntnisse verfügen, um allen Anforderungen gerecht werden zu können. Im Fokus sämtlicher Einsatztätigkeiten steht die sichere, erfolgreiche und den jeweiligen Erfordernissen angepasste Verwendung des Hubrettungsfahrzeuges. Von entscheidender Bedeutung für einen positiven Einsatzverlauf ist somit die Beachtung und Umsetzung der relevanten Einsatzgrundsätze in Kombination mit weitergehendem Fachwissen. Eine erfolgreiche Bewältigung möglicher Einsatzlagen ausschließlich mit einsatztaktischen und -technischen Grundkenntnissen allein ist als problematisch anzusehen. Die Betrachtung der Bandbreite der Tätigkeiten im Rahmen der »Technischen Hilfeleistungen« lässt erkennen, welche Vielzahl relevanter Fakten, Kenntnisse und Vorschriften es zu kennen gilt, um sichere Entscheidungen im Einsatz fällen zu können. So gilt es abzuwägen ob, wann und wie ein Einsatz ohne Gefährdung für Mannschaft und Gerät möglich ist oder ob er überhaupt durch die Feuerwehr mit ihrem Rettungsgerät durchgeführt werden kann. Abzuklären ist auch, ob andere Maßnahmen zum Erfolg führen können, z. B. die Absicherung der Einsatzstelle und Beauftragung entsprechender Fachfirmen. Das vorliegende Buch möchte einen Teil der Technischen Hilfeleistungen beleuchten und auf bestehende Besonderheiten hinweisen. Der Verfasser möchte den Stellenwert einzelner Maßnahmen herausstellen und Anregungen geben, sich tiefgreifend mit der Vielfalt der einzelnen Themengebiete auseinanderzusetzen.

Die Inhalte dieses Buches wurden sorgfältig von dem Autor recherchiert und erarbeitet. Der Verwender muss die Anwendbarkeit auf seinen Fall und die Aktualität der ihm vorliegenden Fassung und Informationen in eigener Verantwortung prüfen. Eine Haftung des Autors ist ausgeschlossen.

2 Grundlagen

Notwendig für die Bedienung eines Hubrettungsfahrzeuges ist eine fundierte Ausbildung der Besatzung. Die Basis bildet eine mindestens 35 Stunden umfassende Ausbildung zum »Maschinist für Hubrettungsfahrzeuge« nach dem Musterausbildungsplan der Projektgruppe Feuerwehr-Dienstvorschriften. Grundlegend ist zudem das intensive Studium der Betriebsanleitung des am Standort vorhandenen Fahrzeuges. Der Erwerb und das Verständnis relevanter Kenntnisse ist der Grundstein einer sicheren Verwendung und eines positiven Einsatzerfolges. Auf diesem aufbauend ermöglichen es regelmäßige Weiterbildungen wichtige technische und taktische Aspekte zu wiederholen und gegebenenfalls zu erweitern oder eingetretene Neuerungen entsprechend anzupassen. Neben einer strukturierten Aus- und Fortbildung ist es sinnvoll auf einheitliche Vorgehens- und Verfahrensweisen zu achten. Erst die konsequente Umsetzung der erlernten Regeln, Vorschriften und spezieller Kenntnisse ermöglicht eine zuverlässige Erkundung und Beurteilung der notwendigen Maßnahmen am Einsatzort. Ziel ist es, einen sicheren, planbaren und beurteilbaren Hubrettungseinsatz auszuführen. Neben der notwendigen hohen Qualifikation der Besatzung ist eine klare Aufgabenverteilung der Besatzung erforderlich, um die verschiedenen Aufgaben sicher bewältigen zu können. Über ein derart solides Fundament sollte ein jeder Feuerwehrangehörige verfügen, der bei Einsatz und Übung in die Bedienung eines Hubrettungsfahrzeuges eingebunden ist. Die zusätzliche Anwendung des Einsatzschemas für Hubrettungsfahrzeuge (vgl. Kapitel 2.1) nach Beneke und Unger (2012), DREHLEITER.info, unterstützt dabei, mit den verschiedenen Einsatzlagen entsprechend sicher und zielgerichtet umgehen zu können. Die leicht erlernbare Struktur des Schemas ist schnell abrufbar, um zeitnah die richtigen Entscheidungen treffen zu können. Das Zusammenwirken der genannten, grundlegenden Vorkenntnisse und Maßnahmen sind die Basis des Einsatzerfolgs.

2.1 Einsatzschema für Hubrettungsfahrzeuge

Kein Einsatz ist wie der andere. Diesem Grundsatz folgend muss der Einheitsführer eines Hubrettungsfahrzeuges an jeder Einsatzstelle, teils in kürzester Zeit, eine Vielzahl an Informationen und Eindrücken aufnehmen, sortieren und bewerten, um notwendige Maßnahmen effektiv und vollständig einleiten zu können. Eine rein situative Entscheidungsfindung, basierend auf einem »Bauchgefühl«, birgt die große Gefahr einer Fehleinschätzung der Lage. Um sicherzustellen, dass bei der Einsatzplanung Schwerpunkte richtig gesetzt werden, ist die Anwendung eines einheitlichen, verlässlichen Systems für Drehleitern und Hubarbeitsbühnen hilfreich. Insbesondere in zeitkritischen Situationen oder bei sehr komplexen Lagen bietet das bereits seit vielen Jahren etablierte »Einsatzschema für Hubrettungsfahrzeuge« nach Beneke/Unger (2012), DREHLEITER.info, die Grundlage für erfolgreiche, schnelle und sichere Entscheidungen. Dieses einfache, aber effiziente Schema ist sehr leicht zu erlernen, seine immer gleiche Struktur fasst den Gesamteinsatz in drei nacheinander abzuarbeitende Schritte zusammen.

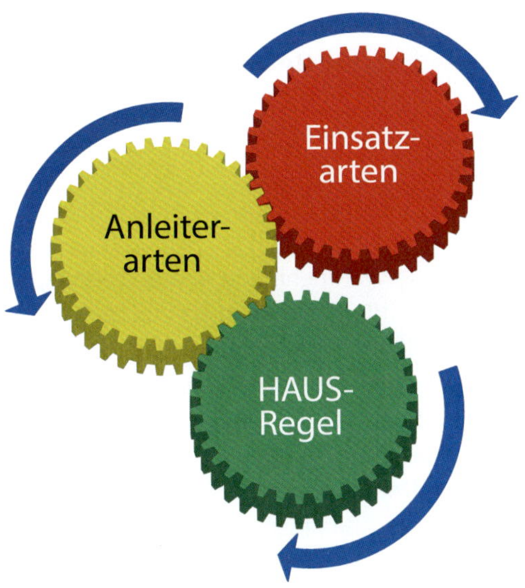

Bild 1: *Einsatzschema für Hubrettungsfahrzeuge nach Beneke/Unger (2012)*

Ein Rad greift in das andere, deshalb erfolgt die Darstellung des Merkschemas bewusst als drei ineinandergreifende Zahnräder. Ebenso ist die Farbgebung der einzelnen Zahnräder – rot, gelb, grün – nicht willkürlich gewählt, sie leitet sich aus dem Führungsvorgang der Feuerwehr-Dienstvorschrift 100 »Führung und Leitung im Einsatz« (FwDV 100) ab. Rot markiert die Lagefeststellung, gelb die Planung und grün den Befehl. Das Drehen des ersten Zahnrades leitet die Entscheidungsfindung ein. Die Frage, die dahintersteht, lautet: »Wofür setze ich mein Fahrzeug ein?« Das Festlegen der **Einsatzart**: Menschenrettung, Anleiterbereitschaft, Brandbekämpfung oder Technische Hilfeleistung bestimmt maßgeblich die Position des Hubrettungsfahrzeuges. Einen allgemein gültigen Standort des Fahrzeuges gibt es nicht, da jeder Einsatzanlass die Einhaltung differenzierter Einsatzgrundsätze erfordert. Die Drehung des roten Zahnrades bewegt nun das gelbe Zahnrad. Hierdurch erfolgt die Planung wie das jeweilige Anleiterziel erreicht werden kann. Drei **Anleiterarten** – Frontal, Horizontal-Flucht und Vertikal- Flucht – stehen zur Auswahl. Sie bestimmen, wie sich der Korb, der Hubrettungssatz oder der Ausleger zum Anleiterziel hin ausrichten wird. Die klare Benennung der Anleiterart gibt bereits vor dem Instellungbringen Hinweise darüber, wie die ausgewählte Position des Fahrzeugs aussehen wird. Die Wahl der notwendigen Anleiterart ist ein maßgeblicher Faktor der Positionierung des Fahrzeugs. Nach der Bestimmung der Anleiterart und der Markierung des Standplatzes muss das Hubrettungsfahrzeug zur festgelegten Standfläche hin eingewiesen werden. Nach Abschluss der Planung greift das gelbe in das dritte, grüne Zahnrad, dessen Bewegung die Umsetzung der **HAUS-Regel** einleitet. HAUS steht für:

- **H**indernisse,
- **A**bstände,
- **U**ntergrund und
- **S**icherheit

und übernimmt als Kernelement einen wichtigen Beitrag für einen sicheren Einsatz. Hintergrund ist die vollständige Wahrnehmung und Beurteilung vorhandener Hindernisse, beispielsweise die Ermittlung notwendiger Abstände zu Hindernissen und Anleiterzielen. Der Untergrund muss untersucht werden, damit er die auftretenden Belastungen sicher und dauerhaft aufnehmen kann. Die Sicherheit muss während des gesamten Einsatzes gewährleistet sein. Das Einsatzschema für Hubrettungsfahrzeuge ist der Leitfaden für den Ausbildungs- und Einsatzdienst. Alle wesentlichen Handlungen zur zügigen und richtigen Positionierung des Hubrettungsfahrzeugs sind so als folgerichtige Abfolge zusammengefasst. Es ist das wirkungsvolle Werkzeug für einen erfolgreichen, gefahrlosen Einsatz mit Drehleiter und Hubarbeitsbühne. Die Anwendung dieses Merkschemas ist »der rote Faden« bei der Bewältigung der Einsatzszenarien. Es ermöglicht auch in Stresssituationen zuverlässig den Einstieg, die Entscheidungsfindung und das Kontrollieren der eingeleiteten Maßnahmen an der Einsatzstelle, um anschließend die richtigen Entscheidungen zu treffen. Denn nur mit der richtigen Position kann ein maximaler Einsatzerfolg, das richtige Mittel zur richtigen Zeit am richtigen Ort, erzielt werden.

Literaturtipp:

Beneke/Unger/Thrien: Hubrettungsfahrzeuge. Ausbildung und Einsatz, 3., überarbeitete Auflage, W. Kohlhammer Verlag, 2019.

2.1.1 Einsatzart Technische Hilfeleistung

Maßnahmen zur Beseitigung von Gefahren für Leben, Gesundheit oder Sachwerte, die durch Explosionen, Elementarereignisse, Unfälle oder ähnliche Ereignisse entstanden sind und nicht in die Einsatzarten Menschenrettung, Anleiterbereitschaft oder Brandbekämpfung einzuordnen sind, werden der Einsatzart Technische Hilfeleistung zugeordnet.

Bild 2:   *Technische Hilfeleistung: Hubrettungsfahrzeuge außerhalb des Fallbereiches von herabstürzenden Teilen positionieren, möglichst mit weiter Ausladung über das Fahrzeugheck arbeiten. (Bild: Phillip Schulze)*

Beispielhafte Einsatzmöglichkeiten sind:

- das Ausleuchten von Einsatzstellen,
- lose Bauteile/Gegenstände entfernen oder in ihrer Position sichern,
- Verwendung von Trenngeräten, bspw. Entfernen von Ästen nach einem Sturm mit der Motorsäge in großer Höhe,
- Sicherung von Feuerwehreinsatzkräften gegen Absturz oder ein Lasthebeeinsatz (Kran-/Hebebetrieb).

Teilweise erfordern die optionalen Tätigkeiten weitergehende Ausbildungen der Besatzung des Hubrettungsfahrzeuges, beispielsweise vollständige DGUV-Modulausbildung Motorsäge (siehe Kapitel 5.1.1) oder erweiterte Kenntnisse und Kompetenzen für den Lasthebeeinsatz (siehe Kapitel 9.1). Grundsätzlich gehen von den unterschiedlichen Einsatzmöglichkeiten teils sehr spezifische Gefahren aus. Aus diesem Grund sollte der Einsatz von Hubrettungsfahrzeugen immer nur dann durchgeführt werden, wenn eine andere Möglichkeit zur Gefahrenabwehr nicht möglich ist. Werden Hubrettungsfahrzeuge zur Schadenbeseitigung eingesetzt, sollte der Einsatzleiter (Einheitsführer des Hubrettungsfahrzeuges) entsprechend den landesrechtlichen Regelungen bereits im Vorfeld Fragen zu den Kosten und der Haftung mit dem Eigentümer klären. Empfehlenswert ist das Mitführen vorgefertigter Formblätter, auf denen Punkte wie Kostenübernahme und auch Haftungsfragen vor Ort dokumentiert werden können. Die Einhaltung der folgenden, wesentlichen Einsatzgrundsätze und Hinweise für die Einsatzart Technische Hilfeleistung tragen maßgeblich zu einem sicheren und effizienten Einsatzverlauf bei.

Einsatzgrundsätze und Hinweise Technische Hilfeleistung

- Fahrzeug und Podium außerhalb des Fallbereiches von Gegenständen/ Bauteilen positionieren.
- Beobachtungsposten einsetzen.
- Keine Teile am Ausleger anschlagen.
- Windanfällige Teile beachten.
- Ggf. Sicherheitsassistent einsetzen.
- Keine Bauteile im Korb transportieren.
- Persönliche Schutzausrüstung vollständig tragen und erweiterten Anforderungen anpassen.
- Ordnung der Einsatzstelle (Einrichten und markieren von Absperr-, Arbeits- und Ablagebereichen).
- Umsetzung/Einhaltung der HAUS-Regel.

2.1.2 Gefährdungsbeurteilung

Grundsätzlich ist es geboten für die Feuerwehr eine Gefährdungsbeurteilung für ihr Hubrettungsfahrzeug zu erstellen, in der die grundlegende Verwendung des Fahrzeugs im Vorfeld geregelt ist. Die Pflicht zur Erstellung leitet sich neben entsprechender Gesetzgebung aus den Unfallverhütungsvorschriften der gesetzlichen Unfallversicherungen ab. Diese Vorgaben des Arbeitsschutzes richten sich vornehmlich an die hauptberuflichen Kräfte (Berufs-/Werk-/Betriebsfeuerwehren, Feuerwehren mit hauptamtlichen Kräften). Für ehrenamtlich tätige Feuerwehrangehörige sind die gesetzlichen Vorgaben im Arbeitsschutz primär nicht bindend, jedoch kommen für sie die Vorgaben der Unfallversicherungsträger in Betracht. Aus § 3 der Vorschrift 1 »Grundsätze der Prävention« der Deutschen Gesetzlichen Unfallversicherung (DGUV) ergibt sich auch für den Bereich der Freiwilligen Feuerwehren die Notwendigkeit, Gefährdungsbeurteilungen zu erstellen. Inhaltlich behandelt eine Gefährdungsbeurteilung die Ermittlung von Gefahrenquellen, deren Risikobeurteilung, Definition von Schutzzielen, Benennung geeigneter Schutzmaßnahmen und Kontrollinstrumente zur Überprüfung der Wirksamkeit, Fortschreibung und Dokumentation. An dieser Stelle soll nicht weiter auf die Gefährdungsbeurteilung eingegangen werden, zur Vertiefung in diese Materie wird das Studium von Publikationen, beispielsweise von »Muster-Gefährdungsbeurteilungen« und ein direkter Kontakt zu den zuständigen Unfallversicherungsträgern empfohlen. Eine zusätzliche, an der Einsatzstelle zu erhebende dynamische Gefährdungsbeurteilung (siehe Kapitel 2.1.3) berücksichtigt die vor Ort akut vorhandenen Gegebenheiten und erhöht somit die Sicherheit aller Beteiligten.

2.1.3 Dynamische Gefährdungsbeurteilung

Im Rahmen eines technischen Hilfeleistungseinsatzes muss an den unterschiedlichen Einsatzstellen mit einer Reihe an wechselnden Gefahrenmomenten gerechnet werden. Beispielsweise können Bauteile oder Gegenstände herabstürzen, es können aber auch teils sehr spezielle Gefährdungsmerkmale mit Auswirkungen auf die Besatzung, das Fahrzeug sowie auch unbeteiligte Dritte bestehen. Das bedeutet, dass den nach verschiedenen örtlichen Verhältnissen aufgestellten Feuerwehren und den daraus resultierenden individuellen Leistungsmöglichkeiten keine allgemeingültige »Gefährdungsbeurteilung Einsatzstelle« an die Hand gegeben werden kann. Die von den einzelnen Einsatzsituationen ausgehenden Gefährdungsmerkmale können sich jederzeit verändern oder verlagern, es können aber auch zusätzliche Gefahren entstehen, bestehende wegfallen bzw. vorhandene Gefahren können sich ausbreiten oder anderweitig verändern. Gerade an Einsatzstellen der Feuerwehr können deshalb häufig Schutzvorschriften nicht immer eingehalten oder nicht (mehr) angewendet werden. Ziel muss es sein, den Einsatzerfolg bei größtmöglichem Schutz von Betroffenen und Einsatzkräften zu erreichen. Das Problem ist, dass Führungskräfte an Einsatzstellen häufig in sehr kurzer Zeit Entscheidungen treffen müssen, die sich im Vorfeld nicht vollständig in einer planbaren Gefährdungsbeurteilung zusammenfassen lassen. Dieser Umstand macht es notwendig, die aktuell bestehenden Gefahrenmomente anhand ihrer räumlichen und zeitlichen Erscheinung in einer dynamischen Gefährdungsbeurteilung vor Ort zu erfassen. Dieses Vorgehen folgt keiner gesetzlichen Vorgabe, sondern stellt einen notwendigen Bestandteil der Prävention dar. Dies bedeutet, mögliche Gefahrenquellen, deren Ursachen und die davon ausgehenden Risiken mittels einer gedanklichen, systematischen Checkliste zu ermitteln und zu bewerten, um geeignete Einsatzmaßnahmen einleiten zu können.

Schadenschwere	Eintrittswahrscheinlichkeit		
	gering	mittel	hoch
Keine/ leichte Verletzung			
Mittelschwere Verletzung			
Schwere Verletzung			

Bild 3: *Priorisierung und Bewertung bestehender Gefahrenmomente*

Zur Risikoermittlung kann die allgemein bekannte Gefahrenmatrix der »Gefahren der Einsatzstelle«– Welche Gefahren bestehen für Einsatzkräfte und -gerät – herangezogen werden. Das Durchlaufen des Führungskreislaufes nach FwDV 100, die Einhaltung der HAUS-Regel und die Berücksichtigung der »AGBF Gefährdungsbeurteilung Einsatz« lassen leicht eine schnelle Bewertung erkannter Gefahren hinsichtlich ihrer zu erwartenden Folgen und ihrer Eintrittswahrscheinlichkeit zu. Zusammen mit der Einhaltung der benannten Einsatzgrundsätze entsteht so ein hoher Schutz für Mannschaft und Gerät. Verletzungen von Personen oder Beschädigungen am Fahrzeug müssen ausgeschlossen werden. Somit gilt es in der Lagebeurteilung unter Umständen auch einen Rückzug in Erwägung zu ziehen, den Schadenort abzusperren und die Erledigung des Auftrags an eine Fachfirma weiterzugeben. Sicherheit geht vor!

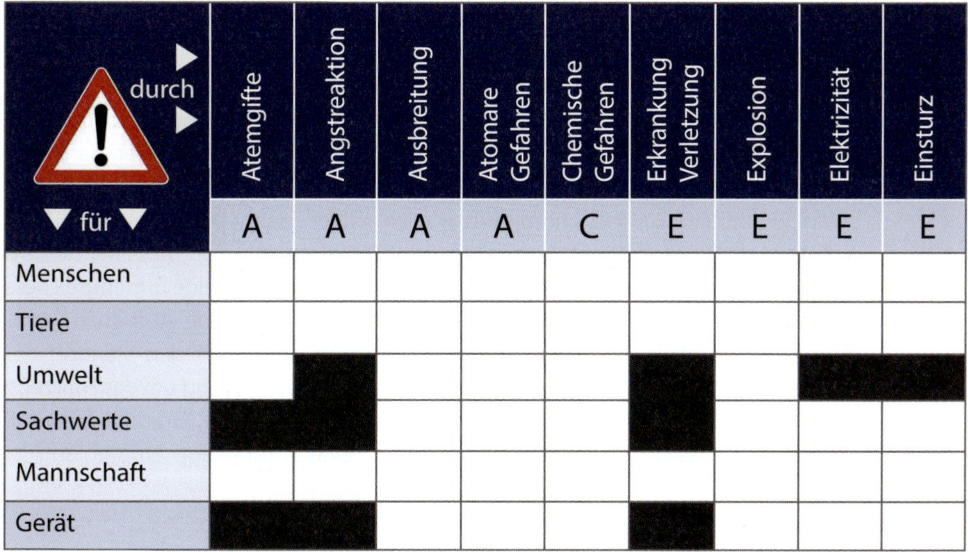

durch ▸ ▸ / ▾ für ▾	Atemgifte	Angstreaktion	Ausbreitung	Atomare Gefahren	Chemische Gefahren	Erkrankung Verletzung	Explosion	Elektrizität	Einsturz
	A	A	A	A	C	E	E	E	E
Menschen									
Tiere									
Umwelt		■				■		■	
Sachwerte	■	■				■			
Mannschaft									
Gerät	■	■				■			

Bild 4:   *Die Gefahren der Einsatzstelle*

2.2   Besatzung

Vorgesehen ist für ein Hubrettungsfahrzeug in der Regel die Besatzungsstärke eines selbständigen Trupps (1/2/3). Jedes einzelne Besatzungsmitglied nimmt unterschiedliche Aufgaben an einer Einsatzstelle wahr, somit hat auch jede einzelne Funktion einen maßgeblichen Anteil an dem Erfolg aber auch Misserfolg einer Maßnahme. Die Besatzung muss sich bewusst sein, dass sie die Bedienmannschaft einer komplexen Maschine sind. Betrachtet man die teilweise sehr anspruchsvollen Tätigkeitsfelder, müssen die daraus zu beherrschenden Voraussetzungen und Arbeitsschritte vollständig bekannt sein, aber auch die teilweise sehr speziellen Gefahrenmomente müssen zuverlässig erkannt werden. Hieraus resultiert, dass nur eine besonders qualifizierte Besatzung einen erfolgreichen Einsatz garantieren kann.

2.2.1 Qualifikation

Die erwähnte Komplexität des Hubrettungsfahrzeuges und die Bewältigung der vielfältigen Aufgabenbereiche belegen die Notwendigkeit einer besonders qualifizierten Besatzung. Situationsbedingt sind teils angepasste Qualifikation von Besatzungsmitgliedern erforderlich. Grundlage für den Maschinisten stellt eine 35-stündige Ausbildung gemäß Musterausbildungsplan für die Aus- und Fortbildung an Hubrettungsfahrzeugen der Projektgruppe Feuerwehr-Dienstvorschriften dar (siehe Anhang). Einheitsführer, die eine Gruppe, eine Staffel oder einen Trupp als selbstständige taktische Einheit führen, müssen gemäß der Feuerwehr-Dienstvorschrift 2 (FwDV 2) als Gruppenführer ausgebildet sein. Die dritte Funktion muss mindestens über eine Ausbildung zum Truppmann verfügen. Insgesamt sei eine umfangreichere Qualifizierung der Besatzung empfohlen, da teils weitergehende Aufgaben wahrgenommen werden. Der Einheitsführer bestimmt beispielsweise den Standort des Fahrzeuges, somit muss er auch über ein umfassendes Wissen rund um das Fahrzeug verfügen, weshalb auch für ihn die 35 Stunden umfassende Grundausbildung, analog zum Maschinisten, von Bedeutung ist. Eine vollständige Empfehlung ist der Tabelle 1 zu entnehmen.

Tabelle 1: *Ausbildungsempfehlung für Besatzungen von Hubrettungsfahrzeugen*

Einheitsführer	Maschinist	Truppmann (3.Funktion)
Truppmann (FwDV 2, Teil 1)	Truppmann (FwDV 2, Teil 1)	Truppmann (FwDV 2, Teil 1)
Truppmann (FwDV 2, Teil 2)	Truppmann (FwDV 2, Teil 2)	Truppmann (FwDV 2, Teil 2)
Sprechfunker	Sprechfunker	Sprechfunker
Atemschutzgeräteträger	Atemschutzgeräteträger	Atemschutzgeräteträger
Maschinist für Löschfahrzeuge	Maschinist für Löschfahrzeuge	Maschinist für Löschfahrzeuge
Maschinist für Hubrettungsfahrzeuge	Maschinist für Hubrettungsfahrzeuge	Einweisung in die Korbbedienung
Truppführer		
Gruppenführer		

2.2.2 Aufgaben

Im Einsatz mit Hubrettungsfahrzeugen werden der Besatzung durch die Einsatzleitung Einsatzabschnitte zugeteilt oder das Fahrzeug fährt Einsatzstellen direkt an und die Besatzung muss die Szenarien selbständig abarbeiten. Klar gegliederte, im Vorfeld benannte Aufgabenbereiche der einzelnen Besatzungsmitglieder tragen massiv zur Sicherheit und Effektivität im Einsatz bei. Auf diese Weise entstehen keine Unklarheiten oder langwierige Absprachen mit drohenden Informationsverlusten. Die Einleitung von Einsatzmaßnahmen erfolgt sicher und zügig, wenn jeder grundsätzlich weiß, was zu tun ist. Exemplarische Tätigkeitsmerkmale der Besatzung von Hubrettungsfahrzeugen werden im Folgenden aufgeführt:

Einheitsführer des Hubrettungsfahrzeugs:
- ggf. über die Einsatzleitung die Anfahrtsroute abstimmen,
- Aufstellfläche bestimmen,
- Anleiterart festlegen und kommunizieren,
- HAUS-Regel anwenden,
- Drehkranzmitte markieren,
- Fahrzeug auf die Drehkranzmitte einweisen,
- Sicherungsmaßnahmen anordnen,
- Einsatzdurchführung überwachen,
- Wetter beobachten und bewerten,
- einsturzgefährdete Bauteile beobachten,
- Beobachtungsposten einsetzen/ggf. Standortwechsel bestimmen.

Maschinist des Hubrettungsfahrzeuges:
- fährt und bedient das Fahrzeug,
- Fahrzeugtechnik und Ausrüstung überwachen,
- Untergrund kontrollieren,
- Fahrzeug beidseits abstützen,
- Hauptbedienstand dauerhaft besetzt halten,
- Leitersatz von rechts nach links drehen, wenn möglich,
- Leiterbewegungen kontrollieren, bei Steuerung vom Korb eine Hand immer am »Not-Aus«-Schalter am Hauptbedienstand,
- stetige Kontrolle der Ausladungswerte,
- Sprossengleichstand herstellen und Motor ausschalten, bevor der Leitersatz bestiegen wird,

- bei der Brandbekämpfung mindestens Filtergerät als Atemschutz bereitlegen,
- generell Sicherheit während des Einsatzes überwachen,
- Notbetrieb koordinieren.

Truppmann (Dritte Funktion):
- Absicherung gegen den fließenden Verkehr,
- Bewegungsbereich des Leitersatzes absperren,
- bei Einsätzen mit Absturzsicherung Sicherungskraft,
- bei Brandbekämpfung Armaturen bereitlegen,
- Schlauchnachführung bei Wenderohreinsatz,
- Unterstützung bei allen weiteren Tätigkeiten,
- Sicherheit der Einsatzstelle überwachen/Gefahren melden.

Steht der Truppmann nicht zur Verfügung, müssen seine Aufgaben nach Absprache von dem Einheitsführer und Maschinisten übernommen werden.

2.3　Schutzkleidung und Schutzgerät

Während einer technischen Rettung oder anderen Hilfeleistungstätigkeiten können Feuerwehrangehörige vielen unterschiedlichen Gefährdungen ausgesetzt sein. Neben den bereits erwähnten Maßnahmen zur Reduzierung/Beseitigung von Gefahrenquellen ist es notwendig, entsprechende, geeignete Schutzkleidung/-gerätschaften zu verwenden, um teils schwerwiegende Verletzungen vermeiden zu können. Geeignet für technische Einsätze sind Produkte, die zugelassen sind und sich in einem einwandfreien Zustand befinden. Grundsätzlich ist die Verwendung von persönlicher Schutzausrüstung für technische Rettungen nach der DGUV Information 205-014 »Auswahl von persönlicher Schutzausrüstung für Einsätze bei der Feuerwehr, basierend auf einer Gefährdungsbeurteilung« auszuwählen. Diese benennt einen Grundschutz für Einsatz- und Unterstützungskräfte plus Optionen zur Erweiterung, wenn weitergehende Gefährdungen bestehen. Aufgabe aller muss es sein, das Bewusstsein zu schaffen und zu stärken, dass Schutzkleidung/-gerät immer anzulegen bzw. anzuwenden ist. Professionell ist es, Unfälle zu verhindern, bzw. deren Folgen abzumildern. Daher gilt: Nicht auf Schutzmaßnahmen zu verzichten – es gibt keine »klugen« Unfälle. Damit einher geht eine notwendige, tiefgreifende Ausbildung oder Einweisung in die Handhabung der Persönlichen Schutzausrüstungen, um sie sachgerecht benutzen zu können. Inhaltlich müssen den Einsatzkräften unter anderem Umfang, Grenzen und Möglichkeiten der einzelnen Schutzkleidung, mögliche Auswirkungen durch eine Langzeitnutzung (z. B. Hitzebelastung), relevante Punkte einer Sicht- und Funktionsprüfung vor der Benutzung, das korrekte An- und Ablegen, die sachgerechte Lagerung, Reinigung und Pflege, aber auch Alterungsaspekte und Ausmusterungskriterien bekannt sein.

2.4   Aufstellfläche

Eine Grundvoraussetzung für die erfolgreiche Bewältigung eines individuellen Einsatzanlasses ist die Auswahl einer geeigneten Aufstellfläche für das Hubrettungsfahrzeug. Dies ist nicht nur im Brandfall für die Sicherstellung des zweiten Rettungsweges durch das Hubrettungsfahrzeug relevant, sondern bedingt auch die sichere Anleiterbereitschaft für die eigenen, im Inneneingriff tätigen, Einsatzkräfte. Zudem können die Brandbekämpfung von außen und andere Tätigkeiten aus dem Korb heraus nur stattfinden, wenn das Hubrettungsfahrzeug auf einer geeigneten, sicheren Fläche aufgestellt wurde. Bei ungeplanten technischen Hilfeleistungseinsätzen können teils anspruchsvolle Einsatzlagen besondere Stellplätze erfordern. Zur sicheren Auswahl eines Standplatzes können Aufstellflächen mit transparenten Leistungsdaten dienen. Dies sind Flächen, die im Rahmen des vorbeugenden baulichen Brandschutzes definiert werden und nach entsprechenden Bauvorschriften erstellt werden. Sie müssen so befestigt werden, dass Fahrzeuge mit einem maximal zulässigen Gesamtgewicht von 16 Tonnen und einer maximal zulässigen Achslast von 10 Tonnen diese befahren können, ohne dass ein Versagen des Untergrundes zu erwarten ist.

Achtung:

Bei den Aufstellflächen ist auf eine offizielle, idealerweise gesiegelte, Kennzeichnung am Objekt und/oder auf Eintragung in Einsatzplänen zu achten.

Am häufigsten jedoch müssen ad-hoc geeignete Stellplätze ausgewählt werden, ohne dass sich die Besatzung entsprechende Kennzeichnungen oder Informationsmittel zur Hilfe nehmen kann. Die Erkundung und Beurteilung, ob ein Untergrund tragfähig für das Hubrettungsfahrzeug ist, muss dann selbständig erfolgen. Der angedachte Stellplatz muss so gewählt werden, dass auch die körperliche Unversehrtheit der Besatzung im Fokus steht, um Verletzungen von Einsatzkräften zu vermeiden. Ebenso gehört zu einem erfolgreichen Einsatz, insbesondere bei Technischen Hilfeleistungen, der Schutz des Fahrzeuges. Es muss ausgeschlossen werden, dass Bauteile o. ä. auf das Fahrerhaus oder das Podium fallen können. Wird dies, oft ohne Notwendigkeit, nicht berücksichtigt, sind hohe Reparaturkosten und lange Ausfallzeiten die Folge. Unnötige Risiken müssen vermieden werden. Taktisch ist daher möglichst mit großen Ausladungen weit entfernt von der Fahrzeugbasis zu agieren, hierzu ist es empfehlenswert die individuellen Ausladungswerte seines Hubrettungsfahrzeuges zu kennen, um abmessen zu können, wie weit man sich vom Schadenort entfernen kann, um dennoch das Einsatzziel erreichen zu können. Spezielle Witterungsverhältnisse können besondere Anforderungen bei der Auswahl eines entsprechenden Aufstellplatzes erforderlich machen, siehe Kapitel 10.3. Nur eine richtig gewählte Position des Hubrettungsfahrzeuges leitet maßgeblich den ganzheitlichen Einsatzerfolg ein.

2.5   Sicherungsmaßnahmen

Die vielfältigen Tätigkeiten, die sich unter Technischen Hilfeleistungen zusammenfassen lassen, erfordern vor dem Tätigwerden der Einsatzkräfte das Ergreifen

Bild 5:   *Absicherung der Drehleiter gegen den fließenden Verkehr, trotz minimaler Abstützbreite der lastabgewandten Seite, wie hier zu sehen, den negativen Überhang des Leitersatzes mit einbeziehen. (Bild: Feuerwehr Oberammergau)*

differenzierter und teils umfangreicher Sicherungsmaßnahmen. Diese betreffen das Hubrettungsfahrzeug selbst, die Absicherung der Einsatzstelle oder fallen in den Bereich persönlicher Schutzmaßnahmen. Je nach Situation müssen auch spezielle, erweiterte Sicherungsmaßnahmen getroffen werden. Die Vorgaben hierzu sind u. a. in Betriebsanleitungen, Unfallverhütungs- und Feuerwehr-Dienstvorschriften und der speziellen Einsatztaktik fixiert. Somit sind fundierte Kenntnisse der Besatzung des Hubrettungsfahrzeuges über entsprechende Weisungen und Regelwerke von großer Bedeutung. Für ein sicheres Vorgehen im Einsatz sind die geltenden Vorgaben strikt zu befolgen, ein abweichen hiervon darf nicht leichtfertig erfolgen. Ist eine Abweichung jedoch unabdingbar, muss mit dem Element der dynamischen Gefährdungsbeurteilung festlegt werden, in welchem vertretbaren Maß, zu welchem kalkulierbaren Risiko ein Tätigwerden noch realistisch durchführbar erscheint. Im Zweifel lieber absperren und Fachberater/weitere Kräfte hinzuziehen.

Bild 6: *Absperrung des Bewegungsbereiches des Auslegers mit Absperrband, um zu verhindern, dass Personen den Bereich betreten. (Bild: Feuerwehr Oberammergau)*

Beispielhafte Sicherungsmaßnahmen:
- Sicherung des Fahrzeugs mit den zur Verfügung stehenden Beleuchtungs- und Signaleinrichtungen,

- ggf. besondere Sicherung bei geneigten Standflächen (Radkeil, umschlingen…),
- Absicherung gegen den fließenden Verkehr und des Bewegungsbereiches des Auslegers,
- Absperren des Arbeitsbereiches (mögliche Fallbereiche von Bauteilen einkalkulieren, teils auch größere Distanzen möglich),
- Sichern im Korb gegen Absturz von Personen und Gerätschaften (Auffanggurte o. ä. an definierten Sicherungspunkten im Korb nutzen, u. U. Werkzeuge anbinden),
- neben der feuerwehrtechnischen Korbbesatzung muss es obligatorisch sein, auch feuerwehrfremden Personen, die im Rahmen eines Einsatzes den Korb besteigen, ebenfalls gegen Absturz zu sichern (Spezialkräfte, Beobachter…).

3 Technik der Hubrettungsfahrzeuge

Besatzungen von Hubrettungsfahrzeugen müssen sich bewusstwerden, dass sie Bediener einer komplexen Maschine sind. Deswegen sollte ein grundsätzliches, technisches Verständnis vorhanden sein, um die Ausbildung erfolgreich bewältigen, um Herstellerangaben richtig umsetzen sowie das erworbene Fachwissen zielgerichtet einsetzen zu können. Nur wenn man nachvollziehen kann, welche technischen Abläufe innerhalb der Fahrzeugtechnik stattfinden, können die grundsätzlichen Funktionen des Hubrettungsfahrzeugs verstanden werden. Welche Sicherheitseinrichtungen sind wo verbaut und was können sie leisten? Das Erkennen von Betriebsstörungen ist wichtig, um das folgerichtige Handeln daraus ableiten zu können. Ziel muss es sein, die Technik vollumfänglich zu beherrschen, um einen sicheren Einsatz zu gewährleisten.

3.1 Fahrzeugübersicht

Zur Sicherstellung einer notwendigen Betriebssicherheit und der Erfüllung erforderlicher Leistungs-Kenndaten werden seit vielen Jahrzehnten Hubrettungsfahrzeuge nach einheitlichen Vorgaben gebaut. DIN-Normen beschreiben und definieren ein Hubrettungsfahrzeug, so wird sichergestellt, dass Hubrettungsfahrzeuge verschiedener Hersteller immer die gleichen Mindestanforderungen erfüllen. Die aktuellen Normen sind überwiegend europaweit gültige Normen. Sie werden in regelmäßigen Abständen überprüft und, sofern erforderlich, dem aktuellen Stand der Technik angepasst. Zur Erstellung von Drehleitern gibt es zwei eingeführte Normen. Zum einen die DIN EN 14043, sie beschreibt Drehleitern mit kombinierten Bewegungen, sogenannte automatische Drehleitern. Deren Charakteristik erlaubt das Durchführen von allen Bedienbewegungen gleichzeitig. In der DIN EN 14044 werden Drehleitern mit sequenziellen Bewegungen beschrieben, hier ist immer nur eine Bedienbewegung nacheinander möglich. Beide Normen gruppieren Fahrzeuge in Leiterklassen ein, die sich an der maximalen Rettungshöhe orientieren. Der Bereich der Hubarbeitsbühnen ist seit 2005 mit der DIN EN 1777 normiert. Allerdings richten sich diese Vorgaben an grundlegende Anforderungen des gewerblichen Bereichs. Festgelegt werden Sicherheitsanforderungen an das Fahrzeug, jedoch keine Fahrzeugtypen mit Rettungshöhen, Beladung und Ausführungsbestimmungen. Weiterer Bestandteil ist die Beschreibung von Gefahren und Risiken bei der Verwendung der Hubarbeitsbühne und Maßnahmen zu deren Beseitigung, bzw. Entschärfung. Als Ergänzung zur DIN EN 1777 wurde 2018 die DIN 14701-1 eingeführt. In ihr werden nun einheitliche Fahrzeugtypen festgelegt.

Bild 7:   *Fahrzeugbeispiele (Bild: Jan Ole Unger)*

3.2   Maße und Gewichte

Kenntnisse von Maßen und Gewichten sind von Bedeutung, wenn das Fahrzeug zu einem Aufstellort hin eingewiesen werden soll, um Durchfahrten und einen Untergrund zu beurteilen und so den richtigen Stellplatz auswählen zu können. In die Betrachtung fallen Fahrzeugmaße, (Nenn-)Rettungshöhen, Achslasten und die Gesamtmasse.

Tabelle 2:   *Kenndaten Hubrettungsfahrzeuge.*

Leiterklasse (Rettungshöhe) [m]	18	24	30	>30 bis 56
Fahrzeuglänge [m]	9,5	9,5	11	—
Fahrzeugbreite [m]	2,5	2,5	2,5	2,5
Fahrzeughöhe) [m]	3,3	3,3	3,3	3,3
Zul. Gesamtmasse [kg]	13000	13000	16000	—

In die Gesamtmasse sind je 90 kg pro Person der Besatzung, 325 kg für die feuerwehrtechnische Beladung und 200 kg Reservemasse mit einzurechnen

3.3   Technik und Einsatzmöglichkeiten

Die unterschiedlichen am Markt erhältlichen Hubrettungsfahrzeuge ermöglichen es den Feuerwehren sie, aufgrund von Konstruktionseigenschaften und einer teilweisen differenzierten Ausstattung, vielfältig im technischen Hilfeleistungseinsatz verwenden zu können. Die Bandbreite der Einsatzmöglichkeiten ist hoch, jedoch ist eine pauschale Übertragung sämtlicher Möglichkeiten auf alle Fahrzeugtypen nicht möglich. Je nach zur Verfügung stehender Arbeitshöhe und der vorhandenen Ausstattung in Verbindung mit ergänzenden Ausrüstungsgegenständen können die einzelnen Verwendungsmöglichkeiten stark voneinander abweichen. Jede Besatzung eines Hubrettungsfahrzeuges muss daher detailliert die zur Verfügung stehenden Möglichkeiten aber auch die Grenzen und Einschränkungen des eigenen Fahrzeuges kennen. In der weiteren Betrachtung sind auch das Baujahr eines Fahrzeuges oder die Bauserie maßgeblich von Bedeutung, ob der Besatzung ein »Mehr« an Möglichkeiten zur Verfügung steht, aber auch ob Maßnahmen nur erschwert, bzw. unter Umständen gar nicht, durchführbar sind. So müssen die nachfolgenden Verwendungsbeispiele auf die eigene Anwendbarkeit hin überprüft, bewertet und in einer Gefährdungsbeurteilung fixiert werden, insbesondere wenn es beispielsweise um die zur Verfügungstellung eines Anschlagpunktes im Rahmen der Absturzsicherung geht.

4 Verkehrsunfall

Bei einem Verkehrs- oder Schienenunfall können Hubrettungsfahrzeuge eine sinn-volle Bereicherung der Einsatzmöglichkeiten darstellen. Sie können technische Maßnahmen unterstützen, aber auch direkt bei der Befreiung eines Patienten helfen. Kann aufgrund des Untergrundes nur schwer oder gar keine Rettungsplattform in Position gebracht werden, kann eventuell der Korb eines Hubrettungsfahrzeuges diese Funktion erfüllen. Für entfernte oder in die Höhe ragende Bereiche abseits befestigter Wege bietet der Korb eine weit in einen Bereich hineinragende Strom- und Lichtquelle. Als Transportmittel kann mit dem Korb benötigtes Material einfach und schnell zu einem Objekt gebracht werden. Störende oder gefährdende Bauteile können durch Nutzung der Lastösen mit geeigneten Anschlagmitteln in einer gewünschten Position gehalten werden und so helfen, Menschen aus einer Zwangs-

Bild 8: *Verwendung des Podiums des Hubrettungsfahrzeuges als Arbeitsfläche (Bild: Feuerwehr Oberammergau)*

lage zu befreien oder unter kontrollierbaren Bedingungen Sicherungs- oder Besei-
tigungsmaßnahmen durchzuführen.

Bild 9: *Optionale Mög-
lichkeit: Arbeiten aus dem
Korb (Bild: Feuerwehr
Oberammergau)*

4.1   Hubrettungsfahrzeug als Rettungsplattform

Viele Alarm- und Ausrückeordnungen sehen die Einbindung eines Hubrettungsfahrzeuges auch bei einem Verkehrsunfall »eingeklemmte Person« vor. Müssen Menschen aus großen Fahrzeugen befreit werden, sind in der Regel erhöhte Stand- und
Arbeitspositionen der Einsatzkräfte erforderlich. Je nach Gegebenheiten an der

Einsatzstelle und der zur Verfügung stehenden Einsatzmittel kann in der Einsatz- und Befreiungsplanung auch die Einbindung des Hubrettungsfahrzeuges betrachtet werden. Zur Durchführung technischer Maßnahmen kann das Hubrettungsfahrzeug wie eine Rettungsplattform genutzt werden. Reichen die Platzverhältnisse und Untergrundverhältnisse an der Einsatzstelle aus, kann durch ein enges Heranfahren an das verunfallte Fahrzeug das Podium des Hubrettungsfahrzeugs als Arbeitsplattform genutzt werden.

Die Erreichbarkeit von verunfallten Fahrzeugen kann erschwert sein, wenn sich diese weit entfernt von Verkehrsflächen befinden, Entwässerungsgräben und Niveauunterschiede durch abfallende Böschungen oder Anhöhen können zusätzliche Erschwernisse darstellen. Die Nutzung des Korbes eines Hubrettungsfahrzeuges als Arbeitsfläche kann eine alternative Möglichkeit sein, wenn andere Maßnahmen ausscheiden oder zu aufwendig sind. Allerdings ist der zur Verfügung stehende Platz im Korb abhängig von seiner Bauform. Auch die Ablagemöglichkeiten und Übersicht der Werkzeuge im Korb sind stark eingeschränkt. Weitere Anforderung an einen denkbaren Einsatz ist das Vorhandensein oder schaffen eines notwendigen Verkehrsraums, um das Fahrzeug und den Ausleger positionieren zu können.

4.2 Halten von Personen oder Gegenständen

Besondere Lagen können es erforderlich machen, dass Personen vor einer eigentlichen Befreiung zunächst in ihrer Position verbleiben müssen. Je nach Situation und Möglichkeit können entsprechende Fixierungssysteme an der Person angebracht werden. Ist ein Instellungbringen des Hubrettungsfahrzeuges möglich, könnte in Erwägung gezogen werden für den Haltezweck das Fahrzeug mit seinen Anschlagpunkten zu nutzen. So kann eine manuelle Fixierung ergänzt oder abgelöst werden. Der maschinell unterstützte Einsatz ist kraftsparender und ermüdungsfrei. Nicht immer lassen sich Gegenstände oder Bauteile, die durch mögliches herunterfallen oder abrutschen Personen in einem unmittelbaren Tätigkeitsbereich gefährden zeitnah so zuverlässig fixieren oder entfernen, dass eine Gefährdung durch sie ausgeschlossen werden kann. Auch hier kann ein Hubrettungsfahrzeug diese Lasten sichern, in dem diese mit geeigneten Anschlagmitteln an zugelassenen Punkten des Fahrzeugs befestigt werden und so ein Fern- oder In-Position-halten ermöglichen, um ein sicheres arbeiten zu gewährleisten.

Bild 10:   *Die Drehleiter ist so positioniert, dass sie Personen und/oder Bauteile in ihrer Position halten kann. (Bild: Marc Henkel)*

4.3   Materialtransport

Einsatzstellen können teilweise nur schwierig oder unter einem großen Aufwand erreicht werden. Manche Lagen machen den Einsatz von viel oder schwerem Gerät notwendig. Ein Hubrettungsfahrzeug kann einen erforderlichen Transport unterstützen. Höhendifferenzen können schnell überwunden werden oder ein wiederholtes Begehen von unwegsamem Gelände kann vermieden werden. Beachtet werden muss die mögliche Zuladung in Abhängigkeit der notwendigen Ausladung. Beim Be- und Entladen ist darauf zu achten, dass keine Strukturen des Korbes beschädigt werden.

5 Motorsägenbetrieb

Insbesondere die Auswirkungen von Extremwetterlagen mit einer großen Menge umgestürzter Bäume, beschädigten Dachkonstruktionen o. ä bilden die Grundlage für eine Vielzahl von technischen Hilfeleistungseinsätzen. Sehr häufig erfordern diese Einsätze den Betrieb einer Motorsäge. Arbeiten mit der Motorsäge sind jedoch nicht ungefährlich. Erschwerte Rahmenbedingungen aufgrund von Wind, Regen oder Dunkelheit und eine unsachgemäße Handhabung können zu Unfällen mit schwerwiegenden Verletzungen führen. Im Feuerwehrdienst sind Arbeiten mit der Motorsäge nur für die Abwehr von Gefahren vorgesehen. Tätigkeiten, die nicht unmittelbar der Gefahrenbeseitigung dienen, sind nicht Aufgabe der Feuerwehr.

5.1 Voraussetzungen für einen sicheren Einsatz

Voraussetzungen für einen sicheren Einsatz sind vor einem Tätigwerden die Erfüllung einer Vielzahl relevanter Kriterien. Grundsätzlich ist die Feststellung der Notwendigkeit eines Einsatzes zu klären und die Benennung der Zuständigkeiten zu treffen. Die Dringlichkeit einer Maßnahme ist abzuschätzen und auf die Einhaltung der persönlichen und fachlichen Voraussetzungen der Besatzung zu achten. Die Besatzung muss u. a. die notwendige erweiterte, Persönliche Schutzausrüstung kennen und richtig anlegen können. Eingehende Kenntnisse um Gefahren und geeignete Schnitttechniken bei Arbeiten aus dem Korb heraus müssen bekannt sein. Dies sind grundlegende Bedingungen, die einen gefahrenreduzierten Einsatz ermöglichen. Darüber hinaus sollte sich der Motorsägenführer vor jedem Einsatz mittels einer Prüfung noch einmal vergewissern, dass sich die Motorsäge in einem einwandfreien, betriebssicheren Zustand befindet (siehe Anhang 2). Das Vorliegen entsprechender Wetterbedingungen muss beachtet werden. Starker Wind, Sturm oder Böen können die Sicherheit des Einsatzes zusätzlich beeinträchtigen. Bestehen Windgeschwindigkeiten > 60 km/h (Windstärke 7) sollten Sägearbeiten von Hubrettungsgeräten aus nicht mehr stattfinden.

5.1.1 Befähigung zum Betreiben einer Motorsäge

Um Unfälle und Gesundheitsschäden zu vermeiden, dürfen Arbeiten mit der Motorsäge nur von persönlich und fachlich geeigneten Kräften durchgeführt werden. Fundiertes Fachwissen und die persönliche Eignung ist die Grundlage für ein sicheres Arbeiten mit der Motorsäge. Zusätzlich wird die Sicherheit durch die Benutzung geeigneter Persönlicher Schutzausrüstung gesteigert (siehe 5.1.2). Die Bestimmung des erforderlichen Ausbildungsumfangs erfolgt im Rahmen einer Gefährdungsbeurteilung. Bei der Auswahl notwendiger Ausbildungsinhalte hilft die DGUV Information 214-059 »Ausbildung für Arbeiten mit der Motorsäge und die Durchführung von Baumarbeiten«. Die vollständige Ausbildung ist dort in verschiedenen, aufeinander aufbauenden Modulen beschrieben. Für Motorsägearbeiten zur Gefahrenabwehr im Drehleiterkorb, bei denen Äste oder Astteile nach dem Absägen frei fallen können, reicht für den Motorsägenführer die erfolgreiche Teilnahme an der Ausbildung nach Modul C (DGUV Information 214-059) aus. Ist jedoch ein stückweises Abtragen notwendig, ist ein Zusatzmodul »Modul D – Arbeit mit Motorsägen in Arbeitskörben von Hubarbeitsbühnen und Drehleitern, mit stückweisem Abtragen von Bäumen« Voraussetzung. Diese Aussagen können länderspezifisch abweichen.

Modul A	**Grundlagen der Motorsägenarbeit**	**16 Unterrichtseinheiten zu 45 Minuten**
Unfallverhütungsvorschriften und Regeln der Unfallversicherungträger • Umgang mit Motorsägen und Werkzeugen • Arbeitseinsatz unter Praxisbedingungen, z. B. Arbeit am liegenden Holz, sowie Holzbauarbeiten, Fällung von Schwachholz bis 20 cm Brusthöhendurchmesser		

Modul B	**Baumfällung und Aufarbeitung**	**24 Unterrichtseinheiten zu 45 Minuten**
Fällung und Aufarbeitung von Bäumen über 20 cm Brusthöhendurchmesser • Zufallbringen und Aufarbeiten einzeln geworfener, angeschobener oder gebrochener Bäume • Handseilzug und Seilwinde zur Unterstützung der Fällung		

Modul C	**Arbeit mit Motorsägen in Arbeitskörben von Hubarbeitsbühnen und Drehleitern, ohne stückweises Abtragen von Bäumen**	**16 Unterrichtseinheiten zu 45 Minuten**
Durchführung von Baumarbeiten mit der Motorsäge, ohne stückweises Abtragen von Bäumen • Fachkunde bei Verwendung von Hubarbeitsbühnen, Arbeitskörben an Drehleitern oder anderer Aufstiegsmöglichkeiten • Arbeiten mit der Motorsäge in Kombination mit der Seilklettertechnik werden nicht erfasst.		

Modul D	**Arbeit mit Motorsägen in Arbeitskörben von Hubarbeitsbühnen und Drehleitern, mit stückweisem Abtragen von Bäumen**	**24 Unterrichtseinheiten zu 45 Minuten**
Durchführung von Baumarbeiten mit der Motorsäge • Fachkunde bei Verwendung von Hubarbeitsbühnen, Arbeitskörben an Drehleitern oder anderer Aufstiegsmöglichkeiten • Arbeiten mit der Motorsäge in Kombination mit der Seilklettertechnik werden nicht erfasst.		

Bild 11:   *Übersicht der Ausbildungsmodule nach DGUV – Information 214-059*

Die erforderliche fachliche Eignung zum Betreiben einer Motorsäge kann aber auch durch eine Berufsausbildung (z. B. Forstwirt/in, Landschaftsgärtner/in) erlangt werden.

5.1.2 Schutzkleidung

Für Motorsägearbeiten muss eine erweiterte, spezielle Schutzausrüstung vorhanden sein. Diese ist ein wesentlicher Bestandteil, um Folgen etwaiger Unfälle abmildern zu können. Die Erweiterung umfasst:

- Gesichtsschutz,
- Gehörschutz,
- Hosen mit geprüften Schnittschutzeinlagen,
- Handschuhe,
- Helm mit Gesichtsschutz,
- Fußschutz.

Zum Schutz vor Sägespänen, Splittern, peitschenden Ästen und gegen Lärm ist während der Sägearbeiten der Feuerwehrhelm mit Gesichtsschutz und Gehörschutzstöpsel zu tragen oder ein Waldarbeiterhelm nach DIN EN 397 (Helm mit Gesichtsschutz aus schwarzem Gittergewebe und mit Kapselgehörschutz). Als Beinschutz dient eine Schnittschutzhose nach DIN EN ISO 11393-2:2020-03; Form C (Rundumschutz) in der Ausführung als Latzhose oder alternativ gleichwertige Beinlinge, die über der Hose des Feuerwehrschutzanzuges getragen werden. Für den Fußschutz können die Feuerwehr-Schutzstiefel mit Zehenschutz verwendet werden. Einen besseren Schutz bietet Sicherheitsschuhwerk mit Schnittschutzeinlage nach DIN EN 15090:2012-04. Fallen Sägearbeiten umfangreich aus oder häufig an, ist die Vorhaltung entsprechendes Schuhwerks mit Schnittschutzeinlage sinnvoll. Für einen Handschutz reichen Arbeitshandschuhe, die ein sicheres Halten der Säge ermöglichen aus. Die Schutzkleidung für eine Unterstützungskraft im Korb beim Betrieb der Motorsäge macht zusätzlich eine Schnittschutzjacke nach DIN EN ISO 11393-6:2020-01 und Schnittschutzhandschuhe nach DIN EN ISO 11393-4:2020-03 erforderlich. Auf das konsequente Anlegen der Schutzkleidung ist zu achten. Für jede vorhandene Motorsäge sollten mindestens zwei Schutzausrüstungs-Garnituren verfügbar sein.

5.2   Sägen aus dem Korb eines Hubrettungsfahrzeuges

Beengte Verhältnisse in einem Korb erschweren die ohnehin gefährlichen Arbeiten mit der Motorsäge zusätzlich. Es besteht die Gefahr, dass der Sägenführer mit der laufenden Kette an die Metallteile des Korbes oder gegen die Brüstung gelangen kann. Deshalb sollten diese Arbeiten ausschließlich zur Gefahrenabwehr und nur mit einer Person im Korb durchgeführt werden. Ist es zwingend erforderlich, kann ausnahmsweise eine zweite Feuerwehrkraft zur Unterstützung des Motorsägenführers mit in den Korb. An die zusätzliche Schutzkleidung sei in diesem Fall erinnert. Wechseln sich die Sägenführer im Korb bei den Motorsägearbeiten ab, sind beide entsprechend erweitert auszustatten. Gerätetechnisch sollten Sägen mit einem möglichst geringen Gewicht, nicht schwerer als 6,5 kg, verwendet werden, um Ermüdungserscheinungen vorzubeugen, eine Führungsschienenlänge von nicht mehr als 40 cm dient der Beweglichkeit im Korb. Zur Erhöhung der Sicherheit möglichst eine Sägekette mit rückschlagarmen Sägezahnformen verwenden. Sägen mit einem Verbrennungsmotor nur außerhalb des Korbes, auf dem Boden, starten, mit eingelegter Kettenbremse in den Korb einlegen und mit einem Halteband gegen Herunterfallen sichern. Sägearbeiten nur außerhalb der Umgurtung des Korbes und nicht über Schulterhöhe ausführen. Nach Beendigung von Trennschnitten zum Stellungswechsel von Säge und/oder Korb zwingend die Kettenbremse einlegen. Motorsägen mit Elektromotor erbringen meist gleiche Schnittleistungen bei weniger Eigengewicht und produzieren keine Abgase. Ein Starten kann im Korb erfolgen. Bei elektrisch angetriebenen Motorsägen müssen jedoch unbedingt die Herstellerinformationen zum sicheren Gebrauch, insbesondere zur Nutzung im Regen, beachtet werden. Viele Elektrokettensägen haben keine ausreichende IP-Schutzart, häufig tragen sie auf dem Gehäuse auch den schriftlichen Hinweis »Darf nicht bei Regen eingesetzt werden«.

Merke:

Sturmeinsätze machen es oft erforderlich, umgestürzte Bäume oder herabhängende Äste zu sichern und stückweise abzutragen. Ein Anschlagen von Holz an ein Hubrettungsfahrzeug ist nicht gestattet.

5.3 Trennen von Bauteilen – Trenngeräte und Hilfsmittel

Das vielfältige Einsatzgeschehen der Technischen Hilfeleistungen kann, je nach Situation und Material, auch die Verwendung alternativer Trenngeräte oder Hilfsmittel notwendig machen. Beispielsweise müssen Bau-, Fahrzeugteile oder Konstruktionselemente aller Art getrennt werden. Der Einsatz anderer Trennwerkzeuge ist generell auch von einem Hubrettungsfahrzeug aus möglich. Die Anwendung erfolgt grundsätzlich analog zu den Sicherheitsvorschriften bei Verwendung einer Motorsäge, allerdings ist zu überprüfen, ob eventuell spezielle Vorschriften bestehen. Eine Anpassung der Schutzausrüstung ist unverzichtbar, wenn beispielsweise beim Sägen von Holz und Metall leicht Späne und Splitter durch die Luft fliegen können und eine akute Gefahr für die Augen oder Atemwege darstellen. Der jeweilige Umgang für einen sicheren Betrieb und weitere Hinweise sind den einzelnen Herstellerangaben zu entnehmen. Bei angelegter Schutzausrüstung gegen Absturz muss sichergestellt sein, dass das Sicherungsseil durch die Werkzeuge nicht beschädigt wird, z. B. durch Funkenflug.

Eine vollständige Aufzählung der denkbaren Trennwerkzeuge und Hilfsmittel ist sicherlich nicht möglich. Hier soll lediglich eine kleine Auswahl benannt werden, deren Hauptanwendungsmöglichkeiten und der sichere Umgang mit ihnen betrachtet werden.

Trennschleifer

Trennschleifer (Winkelschleifer) werden elektrisch oder mit einem Verbrennungsmotor angetrieben. Trennschleifer verschiedenster Größenordnungen sind erhältlich. Ausgestattet mit verschiedenen Trennscheiben werden sie zum Trennen oder Bearbeiten von Metallen, Steinen oder Kunststoffen verwendet. Der Betrieb der elektrisch angetriebenen Geräte erfolgt kabelgebunden mit einer externen Stromversorgung oder als Akkulösung. Der Vorteil eines Akku-Winkelschleifer im Gegensatz zu Kabellösungen ist die enorme Bewegungsfreiheit, auch kann kein Versorgungskabel in den unmittelbaren Arbeitsbereich hineingelangen und beschädigt werden. Akku-Winkelschleifer sind in der Regel eher für kleinere Arbeiten gedacht. Bei ausgedehnten Einsätzen sollten daher genügend Wechselakkus zur Verfügung stehen oder eine am Stromnetz gebundene Variante in Erwägung gezogen werden. Ein Steckenbleiben der Trennscheibe während des Arbeitsvorgangs kann zu einem zurückschlagen des Winkelschleifers und einer damit verbundenen großen Verletzungsgefahr führen. Bei der Geräteauswahl muss daher auf technische Systeme zur Reduzierung des Rückschlags oder zum Sofort-Stopp nach einem Rückschlag geachtet werden. Folgende **Schutzmaßnahmen und Verhaltensregeln** sind gemäß der DGUV-Information 8651 »Sicherheit im Feuerwehrdienst« zu beachten:

- Betriebsanweisungen der Hersteller beachten.
- Trennschleifscheiben für erhöhte Umfangsgeschwindigkeiten sind mit einem Farbstreifen gekennzeichnet.
- Die höchst zulässige Drehzahl der Trennschleifscheibe muss mindestens so groß sein wie die maximale Drehzahl der Maschine.
- Zum Aufspannen der Trennscheibe nur gleich große, zur Maschine gehörende Spannflansche verwenden.
- Flansche nur mit dem dazugehörenden Spezialschlüssel anziehen.
- Vor dem Aufspannen sollten die Klangprobe der Trennschleifscheibe und nach dem Aufspannen der Probelauf durchgeführt werden.
- Die Schutzhaube muss so eingestellt sein, dass der Benutzer geschützt wird.
- Beim Trennschleifen im Feuerwehreinsatz den Gesichtsschutz zum Feuerwehrhelm oder Schutzbrille mit Seitenschutz benutzen.
- Auf geschlossene Schutzkleidung achten, Gehörschutz tragen.
- Beim Arbeiten auf einen sicheren Stand achten.
- Beim Trennen von Metallteilen darauf achten, dass der Funkenflug vom Körper weg gerichtet ist.
- Trennschleifarbeiten dürfen nicht in Bereichen mit Explosionsgefahr durchgeführt werden.
- Bei Rettungsarbeiten Personen im Arbeitsbereich vor Funkenflug schützen, zum Beispiel mittels Löschdecke.
- Rohre, Profile oder ähnliche Werkstücke möglichst fixieren. Zu trennende Teile nicht mit dem Fuß festhalten.
- Beim freihändigen Trennschleifen die Maschine immer mit beiden Händen führen. Verkanten der Trennschleifscheibe vermeiden. Die Schleifscheibe deshalb nicht ruckartig aufsetzen und beim Trennen ohne großen Druck in der Schnittfuge hin- und herbewegen.
- Verformte Stahlteile können unter Spannung stehen und beim Trennen plötzlich wegschnellen.
- Trennschleifmaschinen nach Gebrauch sicher ablegen. Maschinen nur am Handgriff und nicht an der Anschlussleitung aufnehmen und ablegen.
- Beim Scheibenwechsel bei Elektrogeräten immer vorher den Stecker ziehen.

Der bei Trennschleifarbeiten entstehende Funkenflug kann eine horizontale Reichweite von bis zu zehn Metern erreichen und sehr heiß sein, daher zur Vermeidung von Brandgefahren brennbare Stoffe und Gegenstände, wenn möglich, aus dem gefährdeten Bereich entfernen oder zumindest abdecken und den Brandschutz sicherstellen.

Bild 12:   *Arbeiten mit einem Motor-Trennschleifer aus dem Korb einer Drehleiter (Bild: Feuerwehr Taufkirchen)*

Säbelsägen

Die Säbelsäge ist eine elektrisch angetriebene Pendelhubsäge, entweder kabelgebunden für das externe Stromnetz oder als Akkubetriebene Säge. Sie arbeitet mit einem stechenden Sägeblatt. Geführt wird die Säbelsäge mit zwei Händen. Sie kann überall dort angewendet werden, wo Material getrennt werden muss, egal ob Holz, Metall oder andere Werkstoffe. Auch stärkere Metallstangen oder dickeres Holz kann problemlos zersägt werden. Für fast alle Situationen sind passende Sägeblätter erhältlich, die meisten Hersteller markieren den Einsatzbereich auf den Sägeblättern mit entsprechenden Symbolen. Folgende **Schutzmaßnahmen und Verhaltensregeln** sind zu beachten:

- Betriebsanweisungen der Hersteller sind zu beachten.
- Bei der Nutzung ist auf das Tragen geeigneter Schutzausrüstung zu achten.
- Es dürfen nur zweckentsprechende, überprüfte Sägen und Zubehör verwendet werden.
- Vor der Benutzung eines neuen Gerätes muss die Gebrauchsanweisung gelesen und beachtet werden.
- Nur zugelassene und für den Einsatzbereich geeignete Sägeblätter einspannen (Verletzungsgefahr durch Bruch des Sägeblatts).
- Säge nur bei sicherem Stand und mit beiden Händen führen.
- Schutzeinrichtungen nicht abmontieren oder blockieren.
- In explosionsgefährdeten Räumen und Bereichen nur explosionsgeschützte Maschinen benutzen.
- Möglichst enganliegende Arbeitskleidung tragen, bzw. Persönliche Schutzausrüstung benutzen: Schutzhelm mit Gehör- und Gesichtsschutz, Sicherheitsschuhwerk mit Schnittschutzanlagen, Schutzhandschuhe, Schutzkleidung mit Schnittschutzeinlage.

Zwillingssäge

Eine Zwillingssäge ist ein Trennschleifer mit zwei gegenläufig rotierenden Sägeblättern (Gegenläufige Doppelblattsäge). Die Säge schneidet verschiedene Materialien, beispielsweise Metalle, Glas, Holz, Kunststoffe, allerdings kein Stein oder Beton. Ausgestattet ist sie entweder mit einem Elektroantrieb (externe Stromversorgung, bzw. Akkubetrieben) oder einem Verbrennungsmotor. Der Bereich zwischen den Sägeblättern wird mit einem Kühl- bzw. Schmiermittel benetzt. Gegenüber einem Trennschleifer ist der Trennschnitt reaktions-, grat- und funkenarm, auch erhitzen sich die Sägeblätter während des Trennvorgangs kaum. Folgende **Schutzmaßnahmen und Verhaltensregeln** sind zu beachten:

- Betriebsanweisungen der Hersteller sind zu beachten.
- Doppelblattsägen sind als Ein-Mann-Geräte konzipiert und dürfen daher auch nur von einer Person bedient werden.
- Es ist eine zweite Einsatzkraft als Unterstützung für den Sägenden einzusetzen, um z. B. den Schneidbereich der Säge frei von Personen zu halten.
- Die Geräte dienen ausschließlich zum Sägen von spanbaren Materialien. Ein Sägen von Beton, Stein und ähnlichen Materialien ist nicht möglich.
- Beim Trennen von vibrierenden Materialien ist darauf zu achten, dass die Säge regelmäßig kurz zurückgezogen wird, um den Prozess der Vibrationsbildung zu unterbrechen.
- Grundsätzlich ist beim Schneiden Öl einzusetzen.
- Beim Umgang mit den gegenläufigen Doppelblattsägen ist das Tragen von erweiterter Persönlicher Schutzausrüstung erforderlich (Schutzhelm mit Gehör- und Gesichtsschutz, Sicherheitsschuhwerk mit Schnittschutzanlagen, Schutzhandschuhe, Schutzkleidung mit Schnittschutzeinlage).
- Vor dem Sägen sicherstellen, dass sich niemand im Flugbereich der Späne befindet.
- Ausreichenden Splitterschutz tragen und den Halsbereich abdichten.
- Immer einen sicheren Stand wählen.
- Nicht über Kopfhöhe schneiden.
- Die Säge nah am Körper führen.

Halligan-Tool

Der große Einsatzbereich eines Halligan-Tools eignet sich sehr gut, um Trenntätigkeiten aus dem Korb vorzubereiten oder zu unterstützen. Strukturen können zur Seite gebogen werden, um ein freies Schnittfeld zu erlangen oder mittels eines mit einem Blechaufreißer ausgestatteten Tools können auch große Trennschnitte in kurzer Zeit erreicht werden. Um ein herunterfallen des Tools und damit eine Gefährdung für am Boden tätige Kräfte auszuschließen, empfiehlt sich die Fixierung des Tools mit einer ausreichend langen Schlinge im Korb. Folgende **Schutzmaßnahmen und Verhaltensregeln** sind zu beachten:

- Sämtliche Personen, die das Tool benutzen oder unterstützende Tätigkeiten in seiner Nähe ausführen, müssen eine ausreichende Schutzkleidung tragen (Feuerwehrhelm, Schutzbrille, Feuerwehrschutzhandschuhe etc.).

- Nur die für eine Ausführung von Arbeiten notwendigen Kräfte halten sich in der unmittelbaren Nähe des Tools auf, alle anderen Kräfte halten entsprechend Abstand.
- Keine Finger, Hände, Füße etc. in Bereiche halten, in denen mit dem Tool oder auf das Tool geschlagen, gestoßen wird.
- Auf wegspringende Teile achten, wie Schrauben, Glas- oder Metallstücke.
- Beim Ablegen des Tools darauf achten, dass der Dorn zum Boden zeigt oder mit dem Dorn zur Wand hinzeigend abstellen.

Bild 13:   *Mittels Bandschlinge gesichertes Halligan-Tool im Korb einer Drehleiter*

Literaturtipp:

Björn Liedtke: Halligan-Tool, 3., überarbeitete Auflage, W. Kohlhammer Verlag 2018.

6 Arbeiten in absturzgefährdeten Bereichen

Die Ausführung von Arbeiten an Einsatzstellen, die über einen Niveauunterschied zur Aufstellfläche des Hubrettungsfahrzeuges verfügen, gehen mit einer erhöhten Absturz-, Abrutsch- oder Durchbruchgefahr für die dort tätigen Einsatzkräfte einher. Ursächlich hierfür ist, dass ein Betreten von Untergründen und Konstruktionen, deren Tragfähigkeit nur schwer zu beurteilen ist, oder von Flächen, die eine starke Neigung aufweisen, erforderlich werden kann. Bestehen zeitgleich noch widrige Sicht- und Wetterverhältnisse, können sich solche Situationen zusätzlich verschärfen. Die mögliche Gefahr eines Absturzes oder Durchbruch von Einsatzkräften muss deshalb zuverlässig identifiziert, benannt und durch besondere Maßnahmen ausgeschlossen werden. Die Nutzung spezieller Systeme zur Verhinderung einer Annäherung an eine Absturzkante (Rückhaltesystem) oder eines Sturzes durch Auffangen eines freien Falls (Auffangsystem) muss obligatorisch sein. Leider ist jedoch immer wieder zu beobachten, dass eine Absturzsicherung nicht verwendet wird, häufig aus einem mangelndem Gefahrenbewusstsein oder einer Selbstüberschätzung heraus. Hierdurch entstehen oft unnötige und leicht vermeidbare Gefahrenmomente. Um einen fahrlässigen oder bewussten Verzicht auf Sicherungsmaßnahmen entgegen zu wirken, muss allen Beteiligten die Notwendigkeit und der Nutzen der Maßnahmen verdeutlicht werden. Sicherungsmaßnahmen und -ausrüstung sind in den letzten Jahren wesentlich einfacher in der Handhabung geworden, trotzdem muss jede Einsatzkraft über grundlegende Kenntnisse und Schulungen der Anwendungsbereiche und -grenzen aller Ausrüstungskomponenten der Schutzausrüstung gegen Absturz verfügen. Persönliche Absturzschutzausrüstungen bestehen grundsätzlich aus einer Zusammenstellung von Bestandteilen, die mindestens eine Körperhaltevorrichtung (z. B. Auffanggurt) und ein Befestigungssystem umfassen, die mit einer zuverlässigen Verankerung verbunden werden können.

6.1 Sicherungsmaßnahmen

Bestehende Absturzgefahren die nicht zu beseitigen oder zu entschärfen sind, erfordern das Einleiten und Ergreifen weitergehender Maßnahmen, idealerweise anhand der Reihenfolge des TOP-Prinzip des Arbeitsschutzes. Das »TOP-Prinzip« (technische, organisatorische und personenbezogene Maßnahmen) ermöglicht eine gute Herangehensweise die Durchführung von Maßnahmen gegen einen Absturz in Form einer dynamischen Gefährdungsbeurteilung zu planen.

Das TOP-Prinzip:

1. **Technische,**
2. **Organisatorische,**
3. **Personenbezogene Maßnahmen**

Zur Planung einer Absturzsicherung empfiehlt es sich vorab abzuklären, welche Tätigkeiten in der Nähe einer Absturzkante oder auf einem nur schwer einschätzbaren Untergrund ausgeführt werden müssen. Antworten auf folgende Fragestellungen unterstützen dabei die Auswahl der sinnvollsten Lösungen:

- Fehlt eine Absturzsicherung auf dem Weg zur Tätigkeitsstelle?
- Fehlt eine Absturzsicherung direkt an der Arbeitsstelle, an der die Tätigkeit ausgeführt werden soll?
- Wie schnell muss die Aufgabe gelöst werden?

Exemplarische Schutzmaßnahmen gegen Absturz nach dem TOP-Prinzip:

1. **Technische Maßnahmen** z. B. Absperrung, Abdeckung, Zugangs- und Positionierungsverfahren unter Verwendung von Seilen, Persönliche Schutzausrüstung gegen Absturz u. a.
2. **Organisatorische Maßnahmen** z. B. wirkungsvolle Absperrmaßnahmen, Zutrittseinschränkungen, Verlegung und Kennzeichnung vorgeschriebener Wege (Laufwegsysteme) Beschränkung der Arbeitszeit bei Arbeiten mit hoher körperlicher Belastung
3. **Personenbezogene Maßnahmen** z. B. arbeitsmedizinische Vorsorgeuntersuchungen, Benutzung Persönlicher Schutzausrüstungen, Schulungen und Sicherheitsunterweisungen.

Technische und organisatorische Lösungen stellen eine Möglichkeit dar, auch größere Personengruppen (Kollektivschutz) vor und an einer Absturzkante gegen Absturz zu sichern, beispielsweise wenn durch eine hohe Anzahl an Kräften Schneelasten von Dächern geräumt werden.

Bild 14:　*Sicherung mehrerer Einsatzkräfte an einem Sicherungspunkt (Bild: Feuerwehr Oberammergau)*

6.1.1 Sicherungsarten

Es gibt zwei grundsätzliche Arten sich gegen einen Absturz zu sichern, die Auswahl einer geeigneten Maßnahme muss an die jeweilige Tätigkeit angepasst werden. Zu unterscheiden sind das »Halten/Rückhalten« und das »Auffangen«. Bei der Sicherungsart »Halten« ist explizit das Fernhalten mit einem Rückhaltesystem und einem Anschlagmittel mit einer Fixlänge von einer Absturzkante gemeint. Dafür kann generell der Feuerwehrhaltegurt und die Feuerwehrleine ausreichend sein, zwingend muss jedoch ein freier Fall in diese Sicherungsart ausgeschlossen werden. Aus diesem Grund sind dieser Anwendung enge Grenzen gesetzt. Wenn weiter die Gefahr eines Absturzes/Einbrechen besteht oder in Betracht gezogen wird, ist die Sicherungsart »Auffangen« auszuwählen, diese erfordert eine weitergehende Ausbildung und Ausrüstung, beispielsweise wird der Gerätesatz Absturzsicherung notwendig. Der Gerätesatz Absturzsicherung nach DIN 14800-17 enthält erweiterte, Persönliche

Schutzausrüstung gegen Absturz und ist mit seinem Inhalt darauf ausgelegt, Tätigkeiten im absturzgefährdeten Bereich durchzuführen. Eine Nutzung von Absturzsicherungsmaßnahmen soll Einsatzkräfte bei Tätigkeiten in Bereichen mit Absturzgefahr sichern, ein geplantes freies Hängen im Sicherungsseil ist nicht zulässig. Können Teilbereiche eines Schadenobjektes unter Verwendung der vorhandenen Mittel nicht erreicht werden oder erscheint ein Einsatz zu unsicher, ist der Einsatz besonderer Einsatzkräfte zu prüfen, die in der »Speziellen Rettung aus Höhen und Tiefen« ausgebildet sind.

6.1.2 Drehleiter als Sicherungspunkt

Nicht immer ist ein Arbeiten aus dem Korb der Drehleiter möglich. Die Einsatzkräfte können darauf angewiesen sein, Strukturen betreten zu müssen, dann müssen jedoch geeignete Sicherungsmaßnahmen gegen einen Absturz ergriffen werden. Um die Schutzausrüstung anschlagen zu können, müssen definierte Anschlagpunkte gewählt werden, diese stehen am Schadenort selbst nur selten zur Verfügung oder sind u. U. aufgrund äußerer Einwirkung beschädigt. In solchen Fällen muss eine sichere Alternative her. Eine Drehleiter kann erforderliche Sicherungspunkte zur Verfügung stellen, um Einsatzkräfte mit einer sogenannten »Top-Rope-Sicherung« im absturzgefährdeten Bereich zu sichern. Hierzu wird eine mit einem Auffanggurt ausgestatte Einsatzkraft mit einem Kernmantel-Dynamikseil (beispielsweise aus dem Gerätesatz Absturzsicherung DIN 14800-17) lotrecht an dem über ihr befindlichen Anschlagpunkt (Drehleiter) gesichert. Das Anschlagen und Führen des Seils kann über die Leiterspitze einer Drehleiter erfolgen oder aber die Sicherung kann auch aus dem Korb heraus erfolgen, wenn entsprechend geeignete Anschlagpunkte, idealerweise auf Basis von DIN EN 795, vorhanden sind. Bei der Sicherung der Einsatzkräfte über die Leiterspitze wird das Sicherungsseil über einen Karabiner umgelenkt, der an einem serienmäßigen oder anderweitig geeigneten Anschlagpunkt (lt. Herstellerangaben) der Leiterspitze eingehakt ist, die Seilführung führt nun an der Unterseite des Auslegers zu einem möglichst vorhandenen, konstruktivem Anschlagpunkt am Drehgestell. An diesem wird ein HMS-Karabiner fixiert und das Seil mithilfe eine Halbmastwurfes eingelegt, um bei Bedarf eingeleitete Bewegungen bedarfsgerecht bremsen zu können. Diese Seilführung hat den Vorteil, dass bei einer straffen Seilführung bei Ein- und Ausfahrbewegungen kein verhaken im Leitersatz zu erwarten ist. Da das Podium während des Betriebes nicht betreten werden darf, befindet sich die Sicherungskraft dicht am Fahrzeug auf dem Boden und achtet auf Sichtkontakt zum Maschinisten und der gesicherten Person. Das Sicherungsseil muss durch die sichernde Person immer straff gehalten werden. Eine Schlappseilbildung ist unbedingt zu vermeiden, andernfalls können zu große Belastungen für die gesicherte Person oder das Hubrettungsfahrzeug die Folge sein. Bei der Positionierung des Hubrettungsfahrzeugs ist darauf zu achten, dass sie Standsicherheit nicht gefährdet ist. Die Industrie bietet mittlerweile eine Vielzahl durchdachter Lösungen an Sicherungsmaterialien und Anschlagpunkten als Gesamtlösungen an, teilweise auch zum Nachrüsten an bestehenden Fahrzeugen.

Bild 15:   *Konstruktiver Anschlagpunkt am Drehgestell einer Drehleiter*

6.2   Gefahr des Absturzes aus dem Korb

Das Herausfallen aus dem Korb eines Hubrettungsfahrzeugs kann nicht ausgeschlossen werden. Absturzgefahren entstehen beispielsweise, wenn:

- der oder die Feuerwehrangehörige nicht mit beiden Beinen auf dem Boden des Korbes steht.
- das Geländer des Korbes bestiegen wird.

- das Geländer geöffnet ist und deshalb seine Funktion als Umwehrung nicht mehr erfüllt.
- das Hubrettungsfahrzeug von anderen Verkehrsteilnehmern angefahren wird.
- der Korb sich beim Bewegen verhakt (z. B. in einer Baumkrone), u. U. bleibt der Korb hängen und es kann plötzlich zu einem starken nachfedern kommen.
- ein Übersteigen auf andere Bauteile notwendig ist.

Um einen Absturz aus einem Korb zu verhindern sind Sicherungsmaßnahmen in der Industrie obligatorisch, hingegen herrschen bei vielen Feuerwehren immer noch kontroverse Standpunkte dazu und eine konsequente Umsetzung von Sicherungsmaßnahmen ist flächendeckend nicht zu beobachten. Vorgaben zur Sicherung der Einsatzkräfte im Korb eines Hubrettungsfahrzeuges der Feuerwehr sind in unter-

Bild 16: *Mittels einer Top-Rope-Sicherung gesicherte Einsatzkraft im absturzgefährdeten Bereich (Bild: Manuel Ebener)*

schiedlichen Werken erwähnt oder geregelt. Viele neuere Betriebsanleitungen der Fahrzeughersteller empfehlen oder benennen entsprechende Sicherungsmaßnahmen. Auf Grundlage einer Gefährdungsbeurteilung ist die Notwendigkeit zu erkennen, zu benennen und geeignete Schritte einzuleiten. Für Besatzungen von Hubarbeitsbühnen bei einer Werk- oder einer öffentlichen Feuerwehr bestehen aus Sicht der Unfallversicherer die gleichen Regeln wie für alle gewerblichen Nutzer.

Bild 17: *Sicherungspunkt zum Anbringen von Persönlicher Schutzausrüstung gegen Absturz in einem Korb (Bild: Stephan Scharm)*

6.2.1 Absturzsicherung im Korb

In der Betrachtung geeigneter Maßnahmen zur Absturzsicherung ist festzustellen, dass das Geländer des Korbes einer Drehleiter zunächst grundsätzlich geeignet ist, um gegen einen Absturz sichern zu können (technische Maßnahme). Ein Leiterpark/ Ausleger eines Hubrettungsfahrzeuges kann aber beispielsweise durch, teils plötzlich eintretende, äußere Einflüsse in so starke Schwingungen geraten, dass der sogenannte »Peitschen- oder Katapulteffekt« eintreten kann und Personen herausgeschleudert werden können. Da derartige Situationen nie ausgeschlossen werden können, muss in der Betrachtung grundsätzlich von einem möglichen Sturz oder Herausschleudern aus dem Korb ausgegangen werden. Das Geländer allein bietet in solchen Situationen keinen ausreichenden Schutz, auch ein einfaches Rückhalten (z. B. mit dem Feuerwehrhaltegurt) ist ungeeignet. Es muss eine erweiterte Persönliche Schutzausrüstung gegen Absturz getragen werden (persönliche Maßnahme). Die

Bild 18: *Anschlagpunkt nach DIN EN 795 im Korb einer Drehleiter zur Anbringung von Schutzausrüstung gegen Absturz*

Körbe neuerer Fahrzeuge können teilweise mit serienmäßig definierten Sicherungspunkten oder Anschlagpunkte nach DIN EN 795 ausgerüstet sein. An diesen Punkten kann ein Anschlagen einer Sicherung mit zugelassenen Systemen erfolgen.

Eine geeignete, Persönliche Schutzausrüstung gegen Absturz besteht aus einem Auffanggurt und einem geeigneten Verbindungsmittel wie z. B. speziellen, für den Einsatz an Hubrettungsgeräten zertifizierten Höhensicherungsgerät oder ein längenverstellbares Halteseil mit Falldämpfer. Diese geeigneten Verbindungsmittel müssen zum Anschlag auf Kniehöhe geeignet sein, dürfen einen Fangstoß von max. 3 kN, eine Systemlänge von 1.80 m nicht überschreiten und müssen für eine Kantenbeanspruchung mit 180° Umlenkung geeignet sein. Die Hersteller von Hubrettungsfahrzeugen können für ältere Fahrzeugserien zugelassene Nachrüstlösungen von Sicherungspunkten anbieten.

6.2.2 Besonderheiten bei Hubarbeitsbühnen

Die oben beschriebenen Empfehlungen und Regelungen beziehen sich ausschließlich auf Drehleitern mit oder ohne Gelenk. Gemessen am Gesamtbestand der Hubrettungsfahrzeuge sind Hubarbeitsbühnen in nur geringer Stückzahl vorhanden. Feuerwehren, die eine Hubarbeitsbühne einsetzen, müssen die Fragen der Verwendung und Durchführung von Sicherungsmaßnahmen individuell in einer Gefährdungsbeurteilung erfassen und regeln. Die unterschiedlichen technischen Ausprägungen der einzelnen Fahrzeuge weichen teils stark voneinander ab und machen die Benennung allgemeiner Vorkehrungen und Maßnahmen unmöglich.

6.3   ERHT – Einfaches Retten aus Höhen und Tiefen

Die einfache Rettung aus Höhen und Tiefen baut auf dem Grundwissen der Absturzsicherung auf und sieht vor, einen Retter mit einfacher seilunterstützter Technik zu einem Patienten abzulassen und dann einzeln, zunächst den Patienten und danach den Retter, wieder hochzuziehen. Somit sind die wesentlichen Merkmale der ERHT eine weitergehende Aus- und Fortbildung der Einsatzkräfte und die Ergänzung der Einsatzmittel um ein Auf- und Abseilgerät, ein Dreibein, ein Positionierungsgerät, eine Steigklemme und weitere Seile. In der »Einfachen Rettung aus Höhen und Tiefen« kommen ausschließlich genormte Rettungssätze zum Einsatz.

6.3.1 ERHT mit Hubrettungsfahrzeugen

Die Einbindung von Hubrettungsfahrzeugen in die »Einfache Rettung aus Höhen und Tiefen« bietet gleich mehrere Vorteile. Sie verfügen über definierte Anschlagpunkte, sind Transportmöglichkeit für Patienten, Retter und Material und ein fester Bestandteil des notwendigen Rettungsplans, sollten Zwischenfälle während der Arbeiten eintreten. Im Rahmen der Einsatzvorbereitung muss das Fahrzeug grundsätzlich, mindestens auf der Belastungsseite, mit maximaler Abstützbreite abgestützt werden. Einsatzkräfte im Korb und auf dem Ausleger müssen sich gegen Absturz sichern. Sind am Fahrzeug Seilsysteme installiert, dürfen Bewegungen des Auslegers nur unter höchster Vorsicht ausgeführt werden, um ein unbeabsichtigtes Schwanken oder Beschädigungen im System zu vermeiden. Ein Schrägzug auf den Ausleger ist zu vermeiden. Es ist darauf zu achten, dass die Seilführung senkrecht oder parallel zum Ausleger erfolgt, gegebenenfalls ist das Seil am unteren Ende des Auslegers umzulenken. Inwiefern die seitens der Hersteller definierten Anschlagpunkte der Hubrettungsfahrzeuge zur Personensicherung verwendet werden können, signalisiert zum einen deren mögliche Kennzeichnung nach DIN EN 795 oder entsprechende Angaben des Herstellers in den mit ausgelieferten Fahrzeugunterlagen. Ist keine klärende Aussage zur Eignung von Anschlagpunkten aufgrund fehlender Kennzeichnung oder Hinweisen in den Betriebsanleitungen möglich (eventuell bei älteren Fahrzeugmodellen), muss mittels einer eigenen Gefährdungsbeurteilung festgelegt werden, ob und wie die Nutzung zur Personensicherung realistisch durchführbar ist. Auf dieser Grundlage muss das richtige und sichere Vorgehen festgestellt werden. Hierzu sind die Betriebsanleitung und die darin enthaltenden individuellen Herstellerangaben zu beachten, auch müssen Gefahren durch ungünstige Führungen der Seile, durch Anprall, pendelnde Lasten und scharfe Kanten berücksichtigt werden. Die maximale, horizontale und vertikale Rettungshöhe ist auf 30 Meter beschränkt und ergibt sich durch die mitgeführten Gerätesätze »Absturzsicherung« und »Auf- und Abseilgerät«.

6.4   SRHT – Spezielle Rettung aus Höhen und Tiefen

Einsätze im Rahmen der Technischen Hilfeleistung, zur Abwehr von Gefahren, in großen Höhen oder Tiefen begegnen den Feuerwehren immer wieder. Denkbar sind Sicherungsmaßnahmen an Gebäuden, z. B. nach Sturmschaden, Schneefall oder Bränden. Es besteht die Möglichkeit, dass die Angehörigen der Feuerwehren diese Bereiche nicht erreichen können, bzw. die Einsatzmöglichkeiten der reinen Absturzsicherung erschöpft sind. Dann sind Spezialkräfte mit besonderen Einsatzmitteln und Verfahren erforderlich, die unter Verwendung von Kernmantelseilen, Seilbremsen und anderen technischen Hilfsmitteln diese Höhenunterschiede sicher überwinden können. Durch Auf- und Absteigen kann grundsätzlich jeder beliebige Punkt eines Objektes erreicht werden. Die »Spezielle Rettung aus Höhen und Tiefen« sieht ein planmäßiges, freies Hängen im Seil und die begleitende Personenrettung vor. Für die Verwendung als Einsatzkraft der SRHT ist eine umfassende Aus- und Fortbildung notwendig. Wird die Einbindung eines Hubrettungsfahrzeuges in Erwägung gezogen, gilt es auch hier neben der Beachtung der Herstellerangaben auf die Standsicherheit des Fahrzeuges, geeignete Anschlagpunkte, DIN EN 795 etc. zu achten. Zudem sei an dieser Stelle auf SRHT Empfehlung der AGBF verwiesen, die das Thema umfangreich aufgreift.

Literaturtipp:

Empfehlungen der AGBF – Spezielle Rettung aus Höhen und Tiefen, online abrufbar unter: https://ibk-heyrothsberge.sachsen-anhalt.de/fileadmin/Bibliothek/Poli¬tik_und_Verwaltung/MI/IDF/IBK/Dokumente/Service/Downloads_Rechtsvorschrif¬ten/SRHT/agbf_empfehlung_srht.pdf**, letzter Zugriff: 06.04.2020.**

7 Unterstützung bei ABC-Einsätzen

Einsätze im Zusammenhang mit atomaren, biologischen oder chemischen Stoffen sind häufig sehr langwierig und aufwändig. Die Einbindung eines Hubrettungsfahrzeuges in das Einsatzgeschehen kann sinnvoll sein, es kann Einsatzmaßnahmen unterstützen oder direkt zur Abwehr von Gefahren eingesetzt werden. Neben der Klärung der Schutzstufe für die Einsatzkräfte gilt es vor dem Einsatz des Fahrzeuges abzuklären, ob austretende Medien das Fahrzeug oder seine Bestandteile beschädigen können. Der Einsatzleiter sollte hierbei vorsorglich den Einsatz einer Dekon-G-Einheit in seiner Einsatzplanung berücksichtigen.

7.1 Niederschlagen von Dämpfen

Gefahrstoffausbrüche können schnell ausgedehnte Gefahrenlagen für Menschen und Sachwerte darstellen, die ein schnelles, wirksames Handeln verlangen, um die Ausbreitung einer Schadstoffwolke einzugrenzen. Treten Dämpfe aggressiver Produkte aus, die ein niederschlagen mit Wasser erlauben kann dazu sehr gut auch der Wasserwerfer des Hubrettungsfahrzeuges eingesetzt werden. Von weit oben kann zur Verhinderung einer weiteren Ausbreitung ein Wasserschleier über ein großes Areal aufgebracht werden.

7.2 Be- und Entlüften

Brände oder Austritte gefährlicher Stoffe kommen auch in hohen, nur schwer erreichbaren Bereichen vor, beispielsweise sind sie nur über Aufstiegsleitern zu erreichen oder es sind nur schmale Behelfstreppen installiert. Einsatzkräfte können vor die Problematik gestellt werden, auch solche Areale von Gasen oder anderen Stoffen befreien zu müssen, um ein betreten wieder zu ermöglichen. Ein Transport von Lüftungsgerätschaften auf den normalen Wegen kann manchmal unmöglich sein. Sind geeignete Aufstellflächen vorhanden, kann in Erwägung gezogen werden notwendige Belüftungsmaßnahmen über ein Hubrettungsfahrzeug durchzuführen. Vielfach gehören entsprechende Aufnahmeplatten oder -zapfen für ein Druckbelüftungsgerät zur Fahrzeugausstattung. Ist es erforderlich einen Bereich zu entlüften, kann auch das Schlauchsystem von Be- und Entlüftungsgeräten über den

Leitersatz verlegt werden, zum einen um eventuell überhaupt erst zum Ziel hinzukommen, zum anderen aber auch um eine Art Schornstein zu erstellen und abgesaugte Schadstoffkonzentrationen in größerer Höhe abführen zu können, damit am Boden befindliche Personen den gefährlichen, abgesaugten Gasen nicht ausgesetzt werden.

Bild 19: *Belüftungsmaßnahmen an schlecht zugänglicher Stelle über die Drehleiter (Bild: Jens Meyer)*

7.3 Einsatz von Kamerasystemen

Einen Gesamtüberblick über eine Situation oder eine Detailansicht zu erhalten kann von wichtiger Bedeutung für die Einsatzleitung und Lenkung weiterer Maßnahmen sein. Drohnen sind noch nicht flächendeckend stationiert. Ein vor Ort befindliches Kamerasystem kann auch am Korb befestigt werden, um so Übersichtsbilder über eine Einsatzstelle zu erlangen oder um aus der Ferne einen Einsatzverlauf zu überwachen. Als Zusatzausstattung verfügen einige Hubrettungsfahrzeuge bereits ab Werk über Kameraeinbauten.

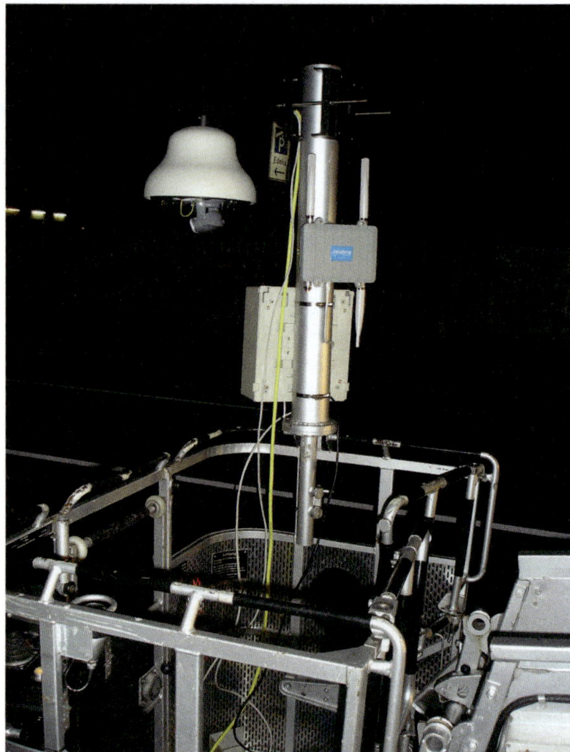

Bild 20: *Angebaute Dom-Kamera zur Überwachung (Bild: Dr. Ulrich Cimolino)*

7.4   Wetterstation

Je nach Einsatzlage sind Informationen über das Wetter zur Ergreifung von Maßnahmen relevant. Um Daten von Wetterlagen in bestimmten Höhen erfassen zu können, können auch mobile Wetterstationen am Korb eines Hubrettungsfahrzeuges fixiert werden. Auf diese Weise können die direkt benötigten Werte abgelesen und ausgewertet werden.

7.5 Sonstige Anbaugeräte

Die Ausstattungs- und Anbaumöglichkeiten an den Körben der Hubrettungsfahrzeuge haben in den letzten Jahren deutlich zugenommen. Den Feuerwehren helfen mittlerweile vielfältige Multifunktionskörbe den Arbeitsalltag zu erleichtern. Eine Option für die Bewältigung technischer Einsatzlagen ist beispielsweise der Einbau einer Schuttmulde. Hierdurch kann dem Grundsatz entsprochen werden keine Bauteile (direkt) im Korb zu transportieren, starke Verschmutzungen oder Beschädigungen im Korb können so vermieden werden. Allerdings muss bei dieser Verwendung unbedingt auf die Sicherung der im Korb befindlichen Einsatzkräfte und den Einbau von Sicherungsstangen zur Umschließung der Korbkontur geachtet werden.

Bild 21: *Angebaute Schuttwanne zur Aufnahme von Bauteilen, hier in Kippstellung zum Entleeren*

8 Ausleuchten von Einsatzstellen

Einsatzstellen mit unzureichenden Lichtverhältnissen müssen ausgeleuchtet werden. Eine effiziente, bedarfsgerechte Ausleuchtung trägt maßgeblich zur Sicherheit an der Einsatzstelle und zur Erreichung des Einsatzziels bei. Beleuchtungsmaßnahmen sind jedoch mehr als das bloße Aufstellen einer Lichtquelle und müssen konkret auf den Bedarf abgestimmt werden. Auch eine bevorstehende Dunkelheit ist frühzeitig in die Einsatz- und Beleuchtungsplanung mit einzubeziehen, um einen sicheren, störungsfreien Einsatzablauf zu gewährleisten und um Gefährdungen durch nur unzureichend beleuchtete Bereiche ausschließen zu können.

Bild 22: *Eine Drehleiter leuchtet von weit oben eine Einsatzstelle großflächig aus. (Bild: Thomas Erdt Feuerwehr Brinkum)*

8.1   Grundlagen zum Ausleuchten

Zum Sehen braucht der Mensch Licht, doch falsch positionierte Beleuchtungsquellen begünstigen sogar die Entstehung von Unfällen, denn wo Licht ist, ist auch Schatten. Beim Aufbau der Beleuchtungsmittel muss daher möglichst auf eine gleichmäßige Beleuchtung, ohne Blendungen und Schattenbildungen, geachtet werden. In großer Höhe installierte Lichtquellen blenden weniger und minimieren die Schattenbildung, die beispielsweise durch Fahrzeuge, Gebäudestrukturen o. ä. entstehen können. Mit angebauten Lichtmasten an den Fahrzeugen oder mittels mobiler Stative lassen sich schon recht große Beleuchtungshöhen erreichen, sodass diese Optionen häufig das Mittel der Wahl zur Beleuchtung von Einsatzstellen sind. Unbedingt müssen jedoch bei der Auswahl der Leuchtquellen die möglichen Gefährdungen bei der Installation beachten werden. Aufgrund der zu erreichenden Höhen gelangt man schnell in den Einwirkbereich von Gefahrenquellen oder kommt direkt mit ihnen in Kontakt, hier seien insbesondere stromführende Bauteile erwähnt. Bei einem Einsatz von Stativen ist grundsätzlich auf die einwandfreie Standsicherheit und ausreichende Fixierung der einzelnen Bauteile zu achten, um ein Herunterfallen von Leuchtmitteln oder ein Umstürzen des gesamten Stativsystems zu verhindern. Ist mit dem Vorhandensein gefährlicher Atmosphären zu rechnen, muss unbedingt auf den Explosionsschutz der eingesetzten Leuchtmittel geachtet werden. Auf die generelle Beachtung und Einhaltung der einschlägigen Unfallverhütungsvorschriften, beispielsweise unter Beachtung der DGUV Vorschrift 49 Unfallverhütungsvorschrift Feuerwehren § 26, beim Betreiben von Leuchtmitteln, im Umgang mit Leitungstrommeln, explosionsgeschützter Beleuchtung u. a. wird hingewiesen.

8.2   Ausleuchten mit dem Hubrettungsfahrzeug

Die Einbindung eines Hubrettungsfahrzeugs in die Ausleuchtung von Einsatzstellen bietet viele Vorteile. Die Leuchtkörper an dem Ausleger und dem Korb können von weit oben für eine gleichmäßige Ausleuchtung, so gut wie ohne Schattenbildung, sorgen. Durch die zur Verfügung stehende Ausladung des Auslegers/Leitersatzes kann das Fahrgestell weit entfernt von einer Einsatzstelle aufgestellt werden und blockiert somit keinen notwendigen Raum am Schadenplatz selbst. Am Korb können auch Spezialleuchtmittel befestigt werden, die eine größere Leuchtkraft und Ausleuchtbreite besitzen oder auch spezielle Suchscheinwerfer, die von oben eingesetzt notwendige Areale zielgerichtet oder weiträumig beleuchten können.

Bild 23: *Im Korb der Drehleiter positionierter Suchscheinwerfer (Bild: Feuerwehr Reutte)*

Bild 24: *Einsatz des Suchscheinwerfers (Bild: Feuerwehr Reutte)*

Achtung:

Durch die Einflüsse der Dunkelheit können Hindernisse und Gefahrenquellen zu spät oder gar nicht erkannt werden, deshalb muss auch das Instellungbringen des Hubrettungsfahrzeugs zur Beleuchtung unter Einhaltung der HAUS-Regel erfolgen.

9 Lasthebeeinsatz (Kran-/Hebebetrieb)

Hubrettungsfahrzeuge sind durch ihre Gestaltung und technische Ausstattung grundsätzlich auch zum Heben und Bewegen von Lasten geeignet. Die häufig sogenannte »Kranfunktion« innerhalb der Feuerwehren wurde schon mehrfach eingesetzt, um beispielsweise Fahrzeuge, Boote oder Container zu versetzen. Jedoch verfügen die ausführenden Einsatzkräfte oft nur über rudimentäre Kenntnisse zum Thema Heben und Bewegen von Lasten, also dem »kranen«. Für einen erfolgreichen und sicheren Einsatz ist aber eine ausreichende Schulung der Besatzung im Vorfeld notwendig. Unkenntnis und unsachgemäße Bedienweisen können in dieser Betriebsart zu gefährlichen Situationen, schwerwiegenden Verletzungen oder großen Schäden führen. Vor der Aufnahme von Lasthebetätigkeiten muss zunächst immer

Bild 25: *Lasthebeeinsatz einer Drehleiter, für eine erfolgreiche und sichere Umsetzung müssen viele Faktoren bekannt sein und beachtet werden, u. a. auch die Begutachtung des Untergrundes, hier ergab die Erkundung, dass tragfähige Rasengittersteine verlegt sind. (Bild: Jörg Thöne)*

eine Abwägung erfolgen, ob ein Einsatz im Rahmen der Gefahrenabwehr notwendig ist oder ob es lediglich um eine Schadenbeseitigung geht. Die Auswahl alternativer Maßnahmen muss mit einbezogen werden.

9.1   Grundlagen des Lasthebeeinsatzes

Der »Lasthebeeinsatz« mit einem Hubrettungsfahrzeug ist weit mehr als das bloße Anheben und Versetzen eines Objektes. Um Lasten richtig heben und bewegen zu können, ist eine (Weiter-) Qualifizierung der Besatzung erforderlich. Für die Besatzung eines Hubrettungsfahrzeugs im Lastehebeinsatz sind je nach Funktion folgende, empfohlene Ausbildungsinhalte von Bedeutung:

Maschinist:
- Lehrgang »Maschinist für Hubrettungsfahrzeuge« nach Musterausbildungsplan (35 h),
- Lehrgang »Technische Hilfeleistung« gemäß FwDV 2,
- Zusatzausbildung DGUV Grundsatz 309-003 »Auswahl, Unterweisung und Befähigungsnachweis von Kranführern« und DGUV Vorschrift 53 »Unfallverhütungsvorschrift Krane«,
- praktische Einsatzübungen,
- gültige Fahrerlaubnis.

Truppmann:
- Lehrgang »Technische Hilfeleistung« gemäß FwDV 2,
- Zusatzausbildung DGUV Grundsatz 309-003 »Auswahl, Unterweisung und Befähigungsnachweis von Kranführern« und DGUV Vorschrift 53 »Unfallverhütungsvorschrift Krane«,
- praktische Einsatzübungen,
- sicherer Umgang mit Zusatzeinrichtungen des Hubrettungsfahrzeugs.

Einheitsführer:
- Lehrgang »Gruppenführer« gemäß FwDV 2,
- Lehrgang »Maschinist für Hubrettungsfahrzeuge« nach Musterausbildungsplan (35 h),
- Lehrgang »Technische Hilfeleistung« gemäß FwDV 2,
- gültige Fahrerlaubnis.

Mit einer derartigen Ausbildungsgrundlage ist die Besatzung auf die Betriebsart »Lasthebeeinsatz« gut vorbereitet. Wichtig ist es, das Gewicht und Verhalten eines anzuhebenden Objektes sicher zu ermitteln und einschätzen zu können, um eine Überlastung der eingebundenen Systeme und deren mögliche negativen Folgen auszuschließen. Dazu ist die Auswahl geeigneter Anschlagmittel und -punkte am zu hebenden Objekt und am Hubrettungsfahrzeug von entscheidender Bedeutung. Sie müssen ausreichend dimensioniert und den eingesetzten Kräften in der richtigen Handhabung bekannt sein. Weiter muss sichergestellt werden, dass eine angeschlagene Last nicht verrutschen oder sich in ihren Eigenschaften aufgrund von Witterungseinflüssen, Schwerpunktverschiebung o. ä. negativ verändern kann. Die Möglichkeiten, in welchen Rahmen das Heben und Bewegen von Lasten durchführbar ist, muss durch viele praktische Übungen trainiert und erlebt werden. Die Kenntnisse über Rechtsgrundlagen, Unfallverhütungsvorschriften und Einsatzgrundsätze für den Bereich Lasten anschlagen und beurteilen sind regelmäßig zu wiederholen. Grundsätzlich gilt es zu betrachten, dass Hubrettungsfahrzeuge als Rettungsgeräte konzipiert sind und nur eingeschränkt als »Kran« eingesetzt werden können. Daher sollte der Lasthebeeinsatz eher die Ausnahme als die Regel im Einsatzfall sein.

Literaturtipp:

Jörg Thöne/Niels Walle: Hubrettungsfahrzeuge im Lasthebeeinsatz, Die Roten Hefte 225, W. Kohlhammer Verlag, 2015.

9.2 Gefahren und Anweisungen im Lasthebeeinsatz

Sich möglicher Gefahren bewusst zu sein und die richtigen, zugelassenen Herstellervorgaben zu befolgen, trägt wesentlich zu einem sicheren und erfolgreichen Einsatz bei. Das Studium der jeweiligen Betriebsanleitung des Hubrettungsfahrzeuges widmet sich konkret auch dem Lasthebeeinsatz und zeigt Gefahren und deren Folgen, aber eben auch das Richtige Vorgehen auf.

Exemplarische Herstellerangaben über bestehende Gefahren und Verhaltensregeln im Lasthebeeinsatz:

- Bei zu hoher Belastung der Lastösen kann es zu Überlastung kommen mit der Gefahr von Sach- oder Personenschäden.
- Gefahr durch pendelnde oder abstürzende Lasten: Pendelnde Lasten können zu Quetschungen führen, herabstürzende Lasten können schwerwiegende Verletzungen oder den Tod verursachen.
- Lasten müssen sicher angeschlagen werden.
- Sich addierende Kräfte (z. B. beim Einsatz von Flaschenzügen) berücksichtigen.
- Niemals beschädigte oder zu schwache Anschlagmittel verwenden.
- Lasten mittels Halteseile gegen Pendeln sichern.
- Personen aus dem Gefahrenbereich der Last entfernen.
- Bei Überlastungsanzeige nur entlastende Bewegungen ausführen.
- Unsachgemäße Bedienung gefährdet die Standsicherheit der Leiter und kann zum Kippen führen.
- Maximale Anhängelast und Ausladung beachten.
- Leiter nicht mit unbekannter Last neigen.
- Nur freie Lasten heben. Niemals versuchen, Gegenstände aus dem Boden zu ziehen.

Die Vielzahl dieser Herstellerangaben verdeutlichen, dass der Lastehebeinsatz gründlich bedacht, geplant und beübt werden muss und nicht leichtfertig Objekte bewegt werden dürfen.

10 Betrieb bei markantem Wetter

Witterungseinflüsse unterschiedlichster Art und Intensität können direkt in den Hubrettungseinsatz eingreifen, ihn erschweren, gefährlicher oder sogar unmöglich machen. Daher gilt es auch, sich mit Wetterphänomenen zu beschäftigen, um deren

Bild 26: *Drehleitereinsatz bei schwierigen Wetterverhältnissen (Bild: Rosenbauer Italia)*

Gefahren und mögliche Auswirkungen richtig einschätzen lernen zu und um Maßnahmen zu deren Entschärfung ergreifen zu können bzw. die Entscheidung, einen Einsatz nicht durchzuführen oder rechtzeitig abzubrechen, beurteilen und begründen zu können. Der Fahrzeugführer des Hubrettungsfahrzeuges führt idealerweise eine gesonderte, dynamische Gefährdungsbeurteilung bei extremen Wetterverhältnissen (Sturm, Gewitter, Starkregen, Schneefall, Hagel usw.) durch.

10.1   Einsatz bei Wind

Die Einleitung von Einsatzmaßnahmen kann auch bei windigen Wetterverhältnissen erforderlich sein, bis zu gewissen Grenzen ist ein uneingeschränkter Betrieb des Hubrettungsfahrzeuges möglich. Doch ab wann gelten Einschränkungen oder ab wann müssen Tätigkeiten sogar eingestellt werden? Wann ist es Wind und wann ist es Sturm, sind die Kriterien zur Bewertung bekannt? Antworten auf diese relevanten Fragestellungen geben die Hersteller mit individuellen Anweisungen in den Betriebsanleitungen ihrer Fahrzeuge. Die möglichen Gefährdungen durch starke Windgeschwindigkeiten für die Besatzung und das Fahrzeug zu kennen, ist die notwendige Basis, um Gegenmaßnahmen einleiten zu können. Unversehrtheit der Besatzung und Schutz des Fahrzeuges müssen im Vordergrund stehen. Für Personen bilden eine Beeinträchtigung der Gesundheit oder des Lebens die größte Gefahr. Große Windlasten können die Standsicherheit gefährden, der Ausleger kann abknicken oder so in Schwingung geraten, dass ein Umkippen die Folge sein kann. Wichtig ist es die Windgeschwindigkeit nicht nur am Boden zu beurteilen, sondern auch auf der erforderlichen Arbeitshöhe. An dem Korb oder Ausleger dürfen keine Gegenstände angebracht werden, die eine Erhöhung der Windangriffsfläche zur Folge haben können, beispielsweise Gerüstplanen die aufgrund eines Sturmereignisses gesichert oder zu Boden gebracht werden sollen.

Achtung:

Ein Einsatz ist bei zu hohen Windgeschwindigkeiten abzubrechen!

Entsprechende Absolutwerte bzgl. der Windgeschwindigkeiten sind in den Betriebsanleitungen angegeben. Diese können angepasste Einschränkungen bis zum Einstellen des Betriebs des Hubrettungsfahrzeugs erforderlich machen. Ausschlaggebend sind die durch den jeweiligen Hersteller festgelegten Werte, die sich an den Windgeschwindigkeiten der Beaufort-Skala (siehe Anhang) orientieren. So kann

Bild 27:   *Bei einer Beseitigung ist, wie hier zu sehen, darauf zu achten, dass windanfällige Elemente nicht am Hubrettungsfahrzeug befestigt werden. Zelte, Planen o. a. stellen eine große Windangriffsfläche dar. (Bild: Thomas Erdt, Feuerwehr Brinkum)*

es sein, dass aufgefordert wird, ab gewissen Schwellenwerten die Ausfahrlänge des Auslegers zu reduzieren oder ihn mittels Abspannseilen zu stabilisieren. Die Windverhältnisse sind laufend zu beobachten und immer wieder neu zu bewerten.

10.2   Einsatz bei Gewitter

Zieht während eines Einsatzes ein Gewitter auf, gilt es die weitere Entwicklung genau zu beobachten. Bei Gewitter besteht immer die Gefahr, dass ein Blitz in das Hubrettungsfahrzeug einschlägt und die Einsatzkräfte und das Fahrzeug erheblich gefährdet.

Achtung:

Von einem Einsatz eines Hubrettungsfahrzeugs bei einem Gewitter ist dringend abzuraten!

Besonders exponierte Stellen, die in die Atmosphäre hineinragen, wie z. B. Bäume, Häuser, Kirchtürme, Masten aber eben auch ausgefahrene und aufgerichtete Ausleger von Hubrettungsfahrzeugen stellen einen idealen Blitzableiter dar, da die Ausleger aus Metall bestehen. Zusätzlich zur Korbbesatzung ist auch der Maschinist auf dem Hauptbedienstand gefährdet. Grundsätzlich besteht zwar eine Erdung des Hubrettungsfahrzeugs, wenn es abgestützt ist, jedoch kann bei schlechten Verhältnissen ein Blitz auch auf das Personal unmittelbar am Fahrzeug überschlagen. Die Entscheidung für eine Unterbrechung eines Einsatzes ist frühzeitig zu treffen, um negative Auswirkungen durch ein sich näherndes Gewitter zu vermeiden.

Bild 28:   *Bei Gewitter ist von einem Einsatz des Hubrettungsfahrzeugs abzuraten. (Bild: Thomas Warnack)*

Achtung:

Wetterverhältnisse können sich plötzlich und sehr schnell verändern.

10.3 Einsatz im Herbst/Winter

Die jahreszeitlichen Begleiterscheinungen von Herbst und Winter können einen Einsatz von Hubrettungsfahrzeugen erschweren oder sogar gefährden. Erkundungs- und Vorbereitungszeiten am ausgewählten Aufstellort nehmen an Umfang zu. Im Herbst fallen oftmals große Mengen Laub von den Bäumen, zum einen stellt nasses Blattwerk eine Rutschgefahr dar, zum anderen behindert es eine freie Sicht auf den Untergrund.

Bild 29: *Nicht ausreichend entferntes Laub, ein Gullyschacht o. ä. kann unerkannt bleiben und die Standsicherheit gefährden.*

Bild 30: *Nur das konsequente Entfernen von Schnee und Eis kann Hindernisse erkennbar machen.*

Im Winter können Schnee und Eis zu Behinderungen führen. Stellplätze können durch starken Schneefall oder Verräumung ganz oder teilweise blockiert sein. Gefrorene Schneehaufen sind ein kaum zu beseitigendes Hindernis. Verschneite Flächen bedeuten ebenso eine Rutschgefahr und Sichtbehinderung für die Besatzung. Ein mit Schnee, Eis oder Laub überlagerter Untergrund muss besonders gründlich in Augenschein genommen werden, damit Hindernisse, beispielsweise Schächte oder abgesackte Stellen, nicht übersehen werden, um eine Gefährdung der Standsicherheit des Fahrzeuges auszuschließen. Bevor ein Fahrzeug abgestützt wird, muss der Untergrund daher ausreichend frei geräumt werden, der Bereich der Stützteller ist gegebenenfalls unter Verwendung von Schaufel, Besen und Auftaugranulat für den Abstützvorgang vorzubereiten. Optional können auch Aufsätze für die Stützteller vorhanden sein, die die Reibung der Stützteller erhöhen. Unterlegplatten von Hubarbeitsbühnen bieten eine »Winterseite«, überstehende Schraubenköpfe sollen auch eine rutschhemmende Wirkung erzielen.

Auch die Technik eines Hubrettungsfahrzeuges wird bei kalten Temperaturen stark strapaziert. Um einen reibungslosen Einsatz zu gewährleisten, empfiehlt es sich, selbst wenn noch keine direkte Einsatztätigkeit erforderlich ist, den Nebenantrieb zuzuschalten. So wird das Hydrauliköl umgewälzt und wärmer, das kann helfen gefährliche »Ruckler« zu vermeiden. Vor einem Betreten des Fahrzeuges unbedingt an eine bestehende Rutschgefahr auf dem Podest und den Leiterpark denken. Erfordern Technische Hilfeleistungen im Winter das Trennen von Bauteilen, muss damit gerechnet werden, dass Materialien spröde sein können und sich eventuell ungewöhnlich verhalten. Sie können unvermittelt ganz oder teilweise abbrechen oder übermäßig splittern. Der zur Nutzung von den Herstellern zugelassene Temperaturbereich von Einsatzmitteln ist vor einer Verwendung zu überprüfen.

10.4   Starkregen

Starkregenereignisse haben in den letzten Jahren deutlich zugenommen. Mit ihnen geht häufig eine Überflutung von großen Bereichen einher, somit können auch Standflächen von Hubrettungsfahrzeugen betroffen sein. Bei bereits überfluteten Flächen gilt es den Untergrund sorgfältig zu erkunden. Nicht blindlings in eine tiefe Pfütze abstützen. Bei Verdacht, dass ein Untergrund schon unterspült worden sein könnte, ist aus Sicherheitsgründen auf den Einsatz an dem ausgewählten Standplatz zu verzichten. Tritt eine Überflutung des Untergrundes plötzlich ein, ist ein möglichst schnelles beenden der eingeleiteten Einsatzmaßnahmen einzuleiten und eine Standortveränderung durchzuführen. Starke Wassermassen können schnell und großflächige Areale aus- und unterspülen. Müssen während eines starken Regenfalls beispielsweise elektrisch betriebene Werkzeuge eingesetzt werden, sind unbedingt die individuellen Herstellerhinweise zur Nutzung bei Nässe zu beachten.

Bild 31: *Aufgrund einer Unwetterlage mit Starkregen retteten sich vier Kinder auf das Dach ihres umspülten Wohnhauses in Oelsnitz/Vogtl., die einzige Möglichkeit zur Erreichbarkeit der dort eingeschlossenen Kinder war über die Drehleiter. Während der laufenden Menschenrettung kam es schlagartig zu einer Überflutungssituation des Aufstellortes, dennoch gelang es die Rettung erfolgreich abzuschließen und umgehend einen Stellungswechsel des Fahrzeugs vorzunehmen. Das Foto zeigt das Fahrzeug vor dem unmittelbaren Rückzug (Bild: FF Oelsnitz/Vogtl.)*

11 Betrieb in Nähe von Stromleitungen/ Sendeanlagen

In Europa ist es in den letzten Jahren immer wieder zu Unfällen und Zwischenfällen mit Hubrettungsfahrzeugen gekommen, die sich entweder zu nah an spannungsführenden Leitungsteilen befanden oder direkt mit ihnen in Kontakt gekommen sind, leider teilweise mit schweren Verletzungen der Besatzungsmitglieder, mitunter auch mit einem tödlichen Ausgang. Ein weiteres Problemfeld sind zunehmend auch Sendeanlagen, beispielsweise des Mobil- oder Digitalfunks, die immer häufiger im Einsatzbereich von Hubrettungsfahrzeugen anzutreffen sind. Oberstes Ziel aller Maßnahmen muss es sein, Zwischenfälle mit stromführenden und sendetechnischen Anlagen zu vermeiden. Ein Hauptaugenmerk liegt daher auf einer gründlichen Erkundung. Entsprechende Gefahrenquellen müssen ausgemacht werden und vor einem Tätigwerden von Einsatzkräften deaktiviert oder nach elektrotechnischen Grundsätzen stromlos geschaltet werden. Ist dies nicht möglich, müssen der Besatzung Mindestabstände bekannt sein oder in Erfahrung gebracht werden, um einen notwendigen Sicherheitsabstand zum Gefahrenobjekt einhalten zu können.

11.1 Annäherung an stromführende Bauteile

Bei der Annäherung an stromführende Bauteile besteht für Einsatzkräfte die Gefahr eines Spannungsüberschlages mit erheblicher Verletzungs- und Lebensgefahr. Kenntnisse um Sicherheitsabstände, beispielsweise relevante Sicherheitsabstände nach DGUV Information 205-010, und deren konsequente Einhaltung sind somit essenziell für einen sicheren Einsatz. Unter Umständen sind die erlernten Regelabstände anzupassen, nähert man sich heruntergefallenen Freileitungen und Fahrleitungen an, ist auch unbedingt der Zustand des Bodens zu berücksichtigen, bei feuchtem Untergrund sollte der Mindestabstand vergrößert werden. Nähert man sich bei starkem Wind Freileitungen an, gilt es auch ein besonderes Augenmerk auf das Ausschwingen der Leitungsseile zu haben. Aber auch ein Durchbiegen des Leitersatzes bei großer Belastung kann für eine ungeplante Annäherung an Stromleitungen oder Sendeanlagen sorgen. Mittlerweile erhältliche, technische Warn- und Schutzeinrichtungen an Hubrettungsfahrzeugen unterstützen die Besatzung eines Hubrettungsfahrzeuges positiv, sind jedoch derzeit allein noch nicht ausreichend hilfreich. Mindestabstände und Schutzeinrichtungen allein verhindern keineswegs den Kontakt des Leitersatzes mit spannungsführenden Leitungen, sondern die Kombination von technischen, organisatorischen und persönlichen Maßnahmen, kann maßgeblich zur Erhöhung der Sicherheit beitragen. Kommt es trotz aller Vorkehrungen zum Kontakt mit einem stromführenden Bauteil, stellen vorhandene Restspannungen eine große Gefahr dar. Der Korb und der Hauptbedienstand dürfen nicht ohne weiteres verlassen werden. Umstehende Einsatzkräfte müssen sofort auf die Gefahr aufmerksam gemacht werden, da sie bei einer Annäherung an das Fahrzeug durch einen Spannungstrichter oder direkte Berührung gefährdet sind. Unmittelbar die Abschaltung von betroffenen Anlagenteilen veranlassen.

11.2 Einsätze im Bereich von Sendeanlagen

Bei der Verwendung von Hubrettungsfahrzeugen ist auf das Vorhandensein von Antennenanlagen im Einsatzbereich zu achten. Seit der Installation der GSM- und UMTS-Netze und deren LTE-Erweiterung steigern sich im Umkreis der Sendeanlagen auch die Immissionswerte und die Exposition durch hochfrequente elektromagnetische Felder. Die Einführung von 5G wird für zusätzliche Sendemasten sorgen. Aber auch Sendeanlagen, die zur Ausstrahlung von Radio- bzw. Fernsehprogrammen benötigt werden, sind zu beachten. Die elektromagnetischen Felder der Sendeanlagen verursachen Wechselwirkungen auf den menschlichen Körper, bei Einhaltung der gesetzlichen Grenzwerte sind gesundheitliche Schäden jedoch auszuschließen. Einzuhaltende Sicherheitsabstände legt die Bundesnetzagentur um jede einzelne Antenne herum fest. Deshalb können in der Regel auch keine einheitlichen Sicherheitsabstände angegeben werden. Hiervon ausgenommen sind Mobilfunksendeanlagen, für die einheitliche Mindestabstände im vfdb-Merkblatt 10-12 »Merkblatt: Empfehlung für den Feuerwehreinsatz in der Nähe von Funksendeanlagen« benannt sind. An Antennenanlagen können Warn- und Hinweisschilder mit einzuhaltenden Abstandswerten angebracht sein. Neben am Standort erstellten Einsatzplänen mit Informationen zu relevanten Sendeanlagen kann auch die EMF-Datenbank der Bundesnetzagentur Auskunft geben, einzelne Anlagen mit Sendeleistungen und Abständen sind dort abrufbar.

11.3 Sicherheitstechnische Erweiterungen an Hubrettungsfahrzeugen

Als Reaktion auf die teils schwerwiegenden Zwischenfälle der letzten Jahre haben die Hersteller von Hubrettungsfahrzeugen ihr Angebot an sicherheitstechnischen Zusatzausrüstungen erweitert. Diese optionalen Zusatzausstattungen können bei Neubeschaffungen aber teilweise auch bei bereits in Verwendung befindlichen Fahrzeugen nachgerüstet werden. Neben fahrzeugspezifischen werden auch handgeführte Lösungen angeboten.

11.3.1 Spannungswarngeräte

Um nicht in Kontakt mit stromführenden Bauteilen zu geraten, wird als technische Maßnahme der Fahrzeughersteller der Einbau von Spannungswarnern in die Hubrettungsfahrzeuge angeboten. Dabei handelt es sich beispielsweise um eine Kabelführung am Leitersatz, an dessen Ende sich an der Leiterspitze zwei Antennen zur Stromdetektion befinden. Eine dazugehörige optisch/akustische Auswerte- und Alarmeinrichtung befindet sich in der Regel am Hauptbedienstand. Derart positive Optimierungen der Fahrzeugausstattung zur Erhöhung der Sicherheit sind absolut zu begrüßen. Allerdings hat jede Technik seine Grenzen, so auch die der Spannungswarner. Ein Detektieren von Gleichstromquellen mit ihnen ist nicht möglich, sodass trotz einer ausbleibenden Warnung eine Gefahr durch eine Stromquelle bestehen kann. Das Vorhandensein derartiger Warngeräte ist somit allein nicht ausreichend, da sie schnell dazu verleiten können sich nur noch auf deren Alarmierung zu verlassen. Daher ist klar herauszustellen, dass diese Warngeräte als Unterstützung dienen. Im Rahmen der Aus- und Fortbildung muss unbedingt weiterhin darauf hingewirkt werden parallel die notwendigen Erkundungsmaßnahmen zur Identifizierung von gefährlichen Stromquellen durchzuführen. Gleichfalls muss der abgedeckte Frequenzbereich, der vom jeweiligen Spannungswarner überwacht werden kann, genau geprüft und mit den örtlichen Anforderungen abgeglichen werden (zum Beispiel Bahnstrom $16\frac{2}{3}$ Hz; Hausstromversorgung 50 Hz). Neben den bauseitig etablierten Spannungswarngeräten an Hubrettungsfahrzeugen kann auch ein Einsatz von handgeführten Stromtestern (zum Beispiel Hot-Stick) in Erwägung gezogen werden. Sie haben aber, genau wie die oben genannten Spannungswarneinrichtungen, den Nachteil, dass diese bei Vorhandensein einer Gleichspannungsquelle ebenfalls nicht warnen und daher auch nur bedingt aussagekräftig sind. Die Geräte funktionieren berührungslos und geben ein optisches sowie akustisches Signal bei Annäherung an eine Wechselspannungsquelle im Frequenzbereich von 20 bis 100 Hz ab. Der mögliche Einsatzbereich der elektrischen Spannung ist der jeweiligen Betriebsanleitung zu entnehmen.

11.3.2 Erkundungsscheinwerfer

Erfolgen Einsätze in dunkler Umgebung können durch fehlende oder falsch ausgerichtete Lichtquellen leicht Hindernisse unerkannt bleiben. Um diese Gefahr zu minimieren sollte es obligatorisch sein mit den vorhandenen Lichtquellen die Einsatzstelle strukturiert zu erkunden, das bedeutet, sich den erforderlichen Bereich in gedankliche Erkundungsfelder aufzuteilen und diese dann nacheinander und vollständig in Augenschein zu nehmen, auch und insbesondere nach Leitungsdrähten, die sich oberhalb der Standfläche befinden können. Sinnvolle Unterstützung, um

Bild 32:   *Beleuchtungssituation des Einsatzbereichs ohne zugeschaltete Erkundungsscheinwerfer*

Bild 33:   *Beleuchtungssituation mit zugeschalteten Erkundungsscheinwerfern*

Hindernisse zuverlässig erkennen zu können, stellen erhältliche, fest verbaute Erkundungsscheinwerfer oder eine spezielle Beleuchtungskonfiguration der vorhandenen Standardbeleuchtungsquellen an den Hubrettungsfahrzeugen dar. Ihr Einbau ist sehr hilfreich. Mit Einschalten des Nebenantriebes schalten sich die Scheinwerfer automatisch ein oder drehen sich in Position, um das Licht nach oben abstrahlen zu lassen. Sie schalten sich bei der Einleitung von Leitersatz- oder Korbbewegungen, bzw. auch manuell wieder aus. Bisher erlangte Erfahrungswerte mit den Erkundungsscheinwerfern haben gezeigt, dass selbst bei in großer Höhe befindlichen Leitungen eine sehr gute Sichtbarkeit durch Reflexion der Leitungsdrähte herbeigeführt wird. Der Einbau der Scheinwerfer bringt neben der besseren Erkennbarkeit von stromführenden Leitungen im Arbeitsfeld des Hubrettungssatzes einen weiteren Vorteil bei der Ausleuchtung von Fassaden oder anderen anzuleiternden Stellen. Ob und wie dieses Sicherheitsplus in der Dunkelheit auch für das eigene bereits vorhandene Hubrettungsfahrzeug als Nachrüstlösung angeboten wird, kann eine Anfrage beim Hersteller klären. Bei der Neubeschaffung von Fahrzeugen sollte es in jedem Fall in der Bedarfsplanung berücksichtigt werden.

11.3.3 Maßnahmen nach dem TOP-Prinzip zur Gefahrenreduzierung

Die dargestellte Matrix fasst die durch Arbeitskreis Arbeitssicherheit der AGBF NRW zusammengefassten Maßnahmen zur Vermeidung von Stromunfällen beim Einsatz von Hubrettungsfahrzeugen zusammen. Alle aufgeführten Maßnahmen der Matrix zur Vermeidung von Unfällen sind nach dem T-O-P-Prinzip geordnet. »T« steht für technische Maßnahmen, »O« für organisatorische Maßnahmen und »P« für persönliche Maßnahmen (vgl. Kapitel 6.1). Die derzeitigen Inhalte sind umfassend recherchiert, erheben aber keinen Anspruch auf Vollständigkeit. Die Entwicklung der auf dem Markt erhältlichen Geräte und Ausstattungen unterliegt einer ständigen Weiterentwicklung. Auch unterliegen organisatorische und persönliche Maßnahmen einer laufenden Kontrolle und Entwicklung.

	Maßnahme	Wechselstrom AC [50 Hz]	Wechselstrom AC [$16\,^2/_3$ Hz]	Gleichstrom DC	Bemerkung
T	ROSENBAUER (Metz) Fa. Made (DetectLine / SkyNacelle) Spannungswarner	Ja	Ja	Nein	Warnt in Abhängigkeit von Spannung und Entfernung
	Magirus Fa. Sigalarm Spannungswarner	Ja	Nein	Nein	Warnt in Abhängigkeit von Spannung und Entfernung
	GIMAEX Spannungswarner	Ja	In Entwicklung	In Entwicklung	Korbwarner, derzeit keine näheren Informationen
	HOT-Stick	Ja	Nein	Nein	Potentielle Gefahr muss im Vorfeld bekannt sein, handgeführt
	Erkundungsscheinwerfer	Zur Ausleuchtung des Bereichs über dem Leitersatz			Schalten sich mit Nebenantrieb ein. Schaltet bei Bewegen des Leitersatzes / Korb oder manuell aus.
O	Hinweisschilder im Monitor / Hinweisschilder „Achtung Oberleitung!" am Fahrzeug	Ja	Ja	Ja	Im Korb-Monitor und am Hauptbedienstand erscheint bei Inbetriebnahme ein Hinweis. Zusätzlich sollten Hinweisschilder- / aufkleber Displayunabhängig an den Steuerständen vorgesehen werden
P	Schulung HAUS-Regel	Ja	Ja	Ja	Einprägsame Merkregel zur Sensibilisierung der Maschinisten bei in Stellung bringen des HRF
	Unterweisung	Ja	Ja	Ja	Regelmäßige / mind. jährliche Unterweisung (DREHLEITER.info)

Bild 34: *Stellungnahme des AK Arbeitssicherheit der AGBF NRW zur Vermeidung von Stromunfällen beim Einsatz von Drehleitern (Quelle: AGBF NRW – DFV/Grafik: Liedtke)*

12 Einsätze in besonderer Umgebung

Es gibt Einsatzbereiche oder -situationen, in die man nur selten gelangt. Abseits der üblichen und bekannten Verkehrswege, schwer einzuschätzende Gefahren oder noch nie erlebte Einsatzanlässe erschweren eine Bewertung und Planung von Einsatzmaßnahmen. Im Bereich von Baustellen lassen sich beispielsweise noch in der Erstellung befindliche Bauteile nur schwer anhand der üblichen Faktoren in ihrem statischen Zustand beurteilen. Kann man sich beschädigten Strukturen überhaupt nähern? Unbekannte Ereignisse oder Umgebungen können die Anwesenheit eines sachkundigen Fachberaters notwendig machen, nicht immer stehen diese sofort zur Verfügung. Viele Hilfeleistungseinsätze sind jedoch nicht zeitkritisch. Werden zunächst weiträumige Absperrmaßnahmen ergriffen, verschafft man sich ein Zeitfenster, um das Eintreffen entsprechender Funktionen an einer Einsatzstelle abwarten zu können. Je komplexer die Umgebung, in der ein Tätigwerden erforderlich ist, um so aufwendiger ist das Erfassen der Gesamtlage. In einer persönlichen Einsatzvorbereitung sollten bewusst auch seltene Szenarien vorgedacht werden, um eine leichtere Einschätzung von Problem und Lösung vornehmen zu können. Die folgenden Beispiele möchten ein paar dieser seltenen Anlässe in den Fokus rücken.

12.1 Einsätze an Hochbauten

Hochbauten sind errichtete Bauwerke deren wesentlicher Anteil sich oberhalb der Geländelinie befindet. Somit sind hiermit nicht nur »Hochhäuser« zu verstehen. Zu den typischen Bauwerken im Hochbau zählen alle Gebäude, in denen üblicherweise gewohnt, gearbeitet oder produziert wird. Je nach Art der Nutzung, seiner Größe und einem differenziertem Gefahrenpotential werden planungsseitig unterschiedliche Anforderungen an die bauseitige Ausführung gestellt, die beispielsweise für geeignete Zufahrten, Aufstellflächen und Rettungswege sorgen soll. Diese Vorgaben sind auf die Rettung von Menschen ausgelegt, lassen sich allerdings auch positiv für technische Einsatzanlässe nutzen. Aufgrund der Vielzahl an Gebäudestrukturen und ihrer zentralen Rolle im Alltag sind sie Schauplatz vieler technischer Hilfeleistungseinsätze. Beispielsweise durch eine länger andauernde Brandeinwirkung, Sturmsituationen, einer mangelhaften Bauausführung oder durch Anfahrunfälle mit Kraftfahrzeugen können Gebäude oder Bauwerke so stark in Mitleidenschaft gezogen werden, dass sich Teile von ihnen lösen oder die Statik ganz oder teilweise gefährdet ist und Einsturzgefahr bestehen kann. Aber auch eine falsche Baukonstruktion bei Umbauten, eine Gewichtszunahme durch Löschwasser, eine Gasexplosion, hohe Schneelasten, Hochwasser oder Erdbeben können Gebäude bzw. Gebäudeteile in ihrer Grundsubstanz stark beschädigen. Charakteristisch für Einsatzlagen an Hochbauten ist die teilweise nicht unerhebliche Höhe in der sich Einsatzlagen ergeben können. Vor der Platzierung eines Fahrzeuges oder der Aufnahme von Hilfeleistungstätigkeiten ist im Vorfeld, je nach Lage, abzuwägen, ob ein Betreten durch Einsatzkräfte oder das in Stellung bringen des Hubrettungsfahrzeuges gefahrlos möglich ist und welche weiteren Sicherheitsvorkehrungen getroffen oder eingeleitet werden müssen. Im Bereich von Hochbaubaustellen kommen oft auch noch Probleme mit dem Untergrund dazu, da dieser im Bereich der Baustelle durch frische Aufschüttungen und unterschiedliche Verdichtungen eine unzureichende oder sogar gefährliche Standfläche darstellen kann. Eine umfassende Erkundung ist hier elementar, um Löcher oder unbefestigte Bereiche nicht zu übersehen. Aber auch von Hilfskonstruktionen an Hochbauten, beispielsweise Gerüste oder anderen provisorischen Konstruktionen, können Gefährdungen ausgehen. Oft sind diese Bereiche durch Planen o. ä verdeckt, sodass sich eine gründliche Inaugenscheinnahme schwierig gestalten kann. Trifft die Einsatzleitung die Entscheidung eine Abstützung eines in seiner Statik beeinträchtigten Gebäudes vorzunehmen, können im Rahmen der Unterstützung auch Hubrettungsfahrzeuge zum Einsatz kommen.

Bild 35: *Einsätze in Bereichen von Baustellen bedeuten häufig ein agieren auf engem Raum.*

Bild 36: *Im Bereich von Baustellen muss mit verschiedenen Untergrundsituationen gerechnet werden.*

Für direkte Tätigkeiten im Rahmen der Sicherungsarbeiten oder um Sachverständige zur Beurteilung von Bauteilen in dessen Nähe zu bringen. Folgende grundsätzliche Aspekte sollten bei Hochbauunfällen beachtet werden:

- Die Einsatzstelle unter Beachtung des Gefahrenbereichs weiträumig absperren.
- Einsturzgefährdete Gebäude räumen (Betroffene, Verletzte, Schaulustige).
- Freidrehende, unbesetzte Turmdrehkräne beachten: Kollisionsgefahr mit dem Ausleger/Leitersatz verhindern.
- Zündquellen vermeiden.
- Energieversorgung (Gas, Wasser, Strom) zum Objekt durch Fachleute unterbrechen lassen.
- Brandbekämpfungsmaßnahmen vorbereiten.

- Weitere Erschütterungen bei Abstützarbeiten oder Bodenerschütterungen durch Fahrzeuge und Maschinen vermeiden.
- Im Gefahrenbereich nicht mehr Einsatzkräfte einsetzen als unbedingt nötig.
- Fluchtwege Freiräumen bzw. freihalten.

12.2   Einsätze im Bereich von Tiefbaustellen

Baustellen im Tiefbau erfordern das Ausheben von Erde, um Baukörper unterhalb der Geländelinie einbringen zu können. Die daraus resultierenden Baugruben können in ihrer Ausdehnung, ihren Außenmaßen und Tiefen variieren und reichen von kleinen Projekten, beispielsweise die Herstellung eines Hausanschlusses, über mittlere Bauvorhaben, Kanal-, Kellerbau o. ä, bis hin zu ausgedehnten Baustellen für Tiefgaragen- oder Tunnelbauten. Ein fehlender, schadhafter oder zu gering dimensionierter Verbau birgt eine Einsturzgefahr von Gruben. Hierdurch können zum einen Personen durch abrutschendes Erdreich verschüttet werden, aber auch sich in der Nachbarschaft befindliche Gebäude in ihrer Statik gefährdet werden oder einstürzen. Tiefbauunfälle sind meistens besonders schwierige, schwer einschätzbare und sehr umfangreiche Einsätze für die Feuerwehr. Neben einer Menschenrettung können auch ausgedehnte Maßnahmen der technischen Gefahrenabwehr notwendig werden, um zum Beispiel Abstützmaßnahmen zu unterstützen oder andere Sicherungsmaßnahmen zu ergreifen. Im Fokus der Betrachtungsweise an Tiefbaustellen dieses Abschnitts soll die Auswahl eines geeigneten Stellplatzes für das Hubrettungsfahrzeug stehen. Es muss verhindert werden, dass das Fahrzeuggewicht und Stützendruck zu einem Abbrechen von Grubenrändern führt, denn bei jedem Eingriff durch Tiefbauarbeiten wird das natürliche Kräftegleichgewicht des Bodens gestört. Grubenränder neigen schon bei geringen Tiefen zum Nachrutschen. Die jeweilige Bodenbeschaffenheit und Tiefe der Grube bestimmen die Einsturzgefahr. Sand- oder Kiesboden verhält sich wesentlich problematischer als schwerer Lehmboden oder Fels. Eine Durchfeuchtung des Erdreichs, z. B. durch langanhaltende Niederschläge, kann das Bodenverhalten weiter negativ beeinflussen. Es besteht immer die Gefahr von einem weiteren Nachrutschen des Erdreichs und somit einer Ausweitung der Gefahr durch weitere Einstürze von Verbau- oder Gebäudeteilen.

Die Sicherheit der Einsatzkräfte hat oberste Priorität, deshalb muss unbedingt bei der Erkundung die Standsicherheit des Fahrzeugs betrachtet werden.

Bild 37: *Einsatz an einer Baugrube, in Abhängigkeit des Untergrundes eingehaltener, ausreichender Sicherheitsabstand mit der Drehleiter (Bild: Feuerwehr Neuss)*

Zum einen können unerkannte Löcher im Erdreich oder je nach Baufortschritt unterschiedliche verdichtete Bereiche zum Einbrechen von Stützen führen oder eine zu enge Annäherung an einen Grubenrand mit den Stütztellern führt zum Abbrechen von Grubenrändern. Ein Abstürzen des Fahrzeugs und Einsatzkräften in die Baugrube kann die Folge sein. Daher sind Mindestabstände zum Rand zu kennen/einzuholen und vor allem einzuhalten. Bild 38 stellt die Einhaltung von Schutzstreifen unter Beachtung eines in der aufgeführten Tabelle benannten Lasteintragungswinkel und der Bodenbeschaffenheit dar. Eine der ersten Sicherheitsmaßnahmen ist die Feststellung, ob überhaupt eine Gefahrenlage vorliegt. Herrscht keine Gefahr wird aus einer Einsatzstelle wieder eine Baustelle, mit entsprechenden, zu beachtenden Vorschriften. Neben den bereits erwähnten Ursachen können eine Vielzahl weiterer Faktoren zu einem Tiefbauunfall führen:

- unzureichende fachliche Kenntnis der Ausführenden,
- Witterungseinflüsse, wie Durchfeuchtung des Erdreichs durch Niederschläge, Auftauen von gefrorenem Boden durch Sonneneinstrahlung und Temperaturschwankungen, Ausspülung des Erdreichs durch schadhafte Wasserleitungen, Absenkung des Grundwasserspiegels,
- nicht Beachten von Versorgungsleitungen oder Bauteilen,
- nicht eingehaltener Böschungswinkel der Grabenwände,
- unsachgemäße Entfernung des Verbaus,
- übermäßige Belastung der Grabenwände durch Bodenaushub, Baugerät oder Baumaterial,
- und Erschütterungen durch Straßenverkehr oder Verdichtungsmaschinen.

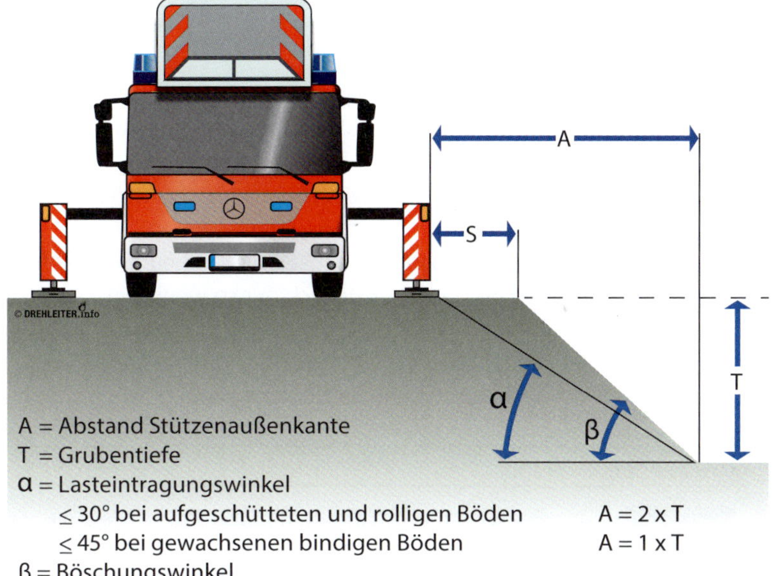

Bild 38:   *Zu beachtende Abstände an Gruben oder Böschungen in Abhängigkeit von Lasteintragungs- und Böschungswinkel (Grafik: DREHLEITER.info)*

Tabelle 3: *Lasteintragungswinkel in Abhängigkeit der Bodenbeschaffung*

Sicherheitswinkel	α	β
Bei nicht bindigen oder weichen bindigen Böden	≤ 30° (oder A = 2 × T)	45°
Bei natürlichen Böschungen (grabbarem Material)	≤ 45° (oder A = 1 × T)	60°
Fels	≤ 70°	80°

Daher sind die grundsätzlichen Maßnahmen zur Sicherung nach Tiefbauunfällen zu beachten:

- Vorsichtige Annäherung an die Einsatzstelle,
- großen Abstand halten,
- Erschütterungen vermeiden,
- Einsatzstelle weiträumig absperren,
- Grabenränder freihalten, zusätzliche Belastungen der Grabenwände vermeiden,
- Grabenränder und Grabenwände gegen nachrutschendes Erdreich durch Verbau sichern,
- durch Abgraben (Böschungswinkel) die Grabenränder abflachen,
- im unmittelbaren Gefahrenbereich nur so wenig Einsatzkräfte wie unbedingt erforderlich einsetzen,
- Kontakt mit dem zuständigen Bauleiter, Vertretern des Tiefbauamtes und/oder der Berufsgenossenschaft aufnehmen.

Literaturtipp:

Robin Piper/Irakli West: Tiefbauunfälle. Physik, Technik, Taktik, W. Kohlhammer Verlag, 2019.

12.3   Polizeilagen

Nicht selten fordert die Polizei, in Ermangelung eigener geeigneter Fahrzeuge, Hubrettungsfahrzeuge der Feuerwehren im Rahmen der Amtshilfe zur Unterstützung an, beispielsweise um bei einer Unfallaufnahme die Unfallstelle auszuleuchten oder um notwendige Übersichtsbilder der Spurenlage aus der Höhe aufnehmen zu können.

Bild 39:   *Durch Polizeikräfte besetzter Korb einer Drehleiter (Bild: Christian Mathiesen)*

Derartige Einsatzanlässe sind sicherlich unkritisch und lassen genug Raum, um das beiderseitige Vorgehen auf die Sicherheitsbestimmungen der Feuerwehren abstimmen und umsetzen zu können, die beispielsweise an den Aufstellort und Sicherung der Personen im Korb bestehen. Manchmal ziehen Polizeiführer aber auch den Einsatz eines Hubrettungsfahrzeuges in Erwägung, um Spezialeinsatzkräften eine zusätzliche Zuwegung zum Intervenieren zu ermöglichen oder um eine Verhandlungsposition zu einem polizeilichen Gegenüber erreichen zu können. Unter Umständen, aufgrund der zeitlichen Brisanz, können so die gültigen feuerwehrtechnischen Einsatzgrundsätze nicht eingehalten werden und die Besatzung eines Hubrettungsfahrzeuges steht vor einem Problem: Zum einen möchte sie die Polizei in ihrem Vorgehen unterstützen, kann dafür jedoch nicht die eigenen Beschränkungen und Sicherheitsvorgaben außer Acht lassen. Vielen Feuerwehren, als Organisation der nichtpolizeilichen Gefahrenabwehr, sind die Besonderheiten der Polizeiarbeit an einem Tatort eher unklar. Bei akuten Polizeilagen können im ersten Einsatzanlauf nicht immer abschließend alle Fragen der Feuerwehrangehörigen beantwortet, bzw. eine umfassende Beurteilung der Lage erhoben werden. Beispielsweise kann für die Polizeiangehörigen, wenn im Rahmen ihrer Zuständigkeit und Tätigkeit die Überwindung eines Höhenunterschiedes im Vordergrund steht und daher ein Hubrettungsfahrzeug angefordert wird, das Problem entstehen, in einen Einsatzbereich zu gelangen, für den u. U. weder Ausbildung noch Ausrüstung ausreichen. Der Übergang ist oft fließend. Zwei Beispiele sollen denkbare Szenarien darstellen, bei denen ein Hubrettungsfahrzeug durch die Polizei eingebunden werden könnte.

> **Beispiel 1:**
>
> Auf der Flucht vor der Polizei haben sich in der Nacht zwei tatverdächtige Einbrecher versteckt. In das Suchgebiet fällt auch ein Hallendach, auf dem die Personen vermutet werden. Die vor Ort befindlichen Streifenwagenbesatzungen fordern eine Drehleiter an und möchten, dass zwei Beamte über das Dach gefahren werden, um dies zu erkunden.
>
> **Beispiel 2:**
>
> In einer Wohnung im fünften Stockwerk eines Mehrfamilienhauses bedroht ein Mann seine Frau mit einer Waffe. Die hinzugezogenen Spezialeinsatzkräfte der Polizei möchten einen alternativen Angriffsweg über die Drehleiter zur Verfügung gestellt bekommen.

In beiden Fällen können durch das Hinauffahren der Polizeibeamten die Feuerwehrkräfte im Korb oder am Hauptbedienstand direkt in den Einwirkbereich eines dynamischen Ereignisses gelangen, ohne hierauf vorbereitet und ausgerüstet zu sein sowie ggf. Gegenmaßnahmen einleiten zu können. Hier gilt es genau abzuwägen, inwieweit ein Einsatz der Feuerwehr noch gefahrlos möglich ist. Aus diesem Grund sollte, sofern nicht automatisch mitalarmiert, durch die Besatzung des Hubrettungsfahrzeuges ein Führungsdienst der Feuerwehr angefordert werden. Dies ist insbesondere daher wichtig, da die Rechtslage unterschiedlich eingeschätzt werden kann und dadurch das zur Verfügung stellen der Drehleitern oder Hubarbeitsbühnen differenziert betrachtet werden muss. Es ist und bleibt eine Einzelfallentscheidung unter Beachtung einer möglichen Amtshilfe und einer reellen Risikobetrachtung, aber auch die mediale Wirkung der Einbindung von Feuerwehren in derartige Lagen darf nicht unterschätzt werden. Eine Führungskraft der Feuerwehr kann vor Ort mit dem Polizeiführer das weitere Vorgehen abstimmen und entsprechend auf die Einsatztaktik und Vorschriften der Feuerwehr eingehen. Im Sinne des Einsatzerfolges für das erste Beispiel kann vielleicht darüber nachgedacht werden, den Polizeikräften anzubieten, einen unbemannten Korb zum Ausleuchten über das Hallendach zu fahren, tragbare Leitern zum Aufsteigen der Polizeibeamten und eine Wärmebildkamera anzubieten. Im zweiten Beispiel kann, sofern die mediale Fragestellung beantwortet ist, in Erwägung gezogen werden, abseits des Gefahrenbereiches den Spezialeinsatzkräften eine Einweisung in die Fahrzeugbedienung zu geben, damit das Fahrzeug und der Korb von ihnen selbst vor dem Ziel in Stellung gebracht werden kann. Das Ungleichgewicht zwischen der Persönlichen Schutzausrüstung und Ausbildung von Polizei und Feuerwehr erfordert eine enge Abstimmung, wenn ein direkter Einsatz in einer Polizeilage erfolgen soll.

12.4   Gewässer

Die Ausprägung und das Vorhandensein von Gewässern weichen lokal teils stark voneinander ab, für manche Feuerwehren fallen Einsätze an stehenden, fließenden oder zugefrorenen Gewässern häufiger an, für wiederum andere sind es sehr seltene Einsatzgebiete. Je nach genauer Örtlichkeit und möglicher Zuwegung können zur technischen Gefahrenabwehr auf Gewässern auch Hubrettungsfahrzeuge das Einsatzgeschehen unterstützen. Beispielsweise können sie benötigtes Material zur Vermeidung, bzw. einer Eindämmung von Umweltgefahren schnell auf eine andere Uferseite bringen oder bei der Bergung von Gegenständen oder Personen unterstützen, wenn sich diese in einem nicht zugänglichen oder nicht befahrbaren Bereich eines Wasserfahrzeuges befinden. Wenn ein schlecht oder nur unsicher erreichbarer Wasserablauf durch Unrat oder Eis verstopft ist, kann dies in der Folge zu einem überlaufen und der Bedrohung von Sachwerten führen, u. U. ist auch hier der Einsatz des Hubrettungsfahrzeugs möglich. Unabhängig davon, welcher Anlass ein Tätigwerden der Feuerwehr erforderlich macht, gilt es sich einiger grundsätzlicher Sicherheitsvorkehrungen bewusst zu werden. Die Besatzung im Korb und Einsatzkräfte, die in Gewässernähe arbeiten, müssen gegen ein mögliches Ertrinken durch geeignete Persönliche Schutzausrüstung gesichert werden.

Achtung:

Beschädigungen am Fahrzeug müssen ausgeschlossen werden!

Im Korbboden sind vielfach technische Komponenten verbaut, die für einen sicheren und reibungslosen Betrieb erforderlich sind. Ein Eintauchen des Korbes in ein Gewässer muss daher ausgeschlossen sein, um Beschädigungen und Fehlfunktionen ausschließen zu können. Dies gilt es insbesondere zu beachten, wenn nah über einem Flüssigkeitsspiegel gearbeitet wird und durch Aufnahme zusätzlicher Last der Korb weiter absinken kann. Auch eine starke Strömung kann gefährlich werden, wenn diese den eingetauchten Korb mitreist und die Standsicherheit des Fahrzeugs beeinträchtigt.

Bild 40:   *Einsatz an einem fließenden Gewässer, ein Eintauchen des Korbes in das Wasser ist auszuschließen; Belastung von Brücken nur bei zugelassenen Lasten und Einwirkungen auf das Brückenbauwerk; vorhandene Gehwege und Radwege auf der Brücke meiden. (Bild: ROSENBAUER Italia)*

Vor der Aufnahme von Einsatztätigkeiten sollten bei einer Erkundung mindestens folgende Punkte abgeklärt werden:

- Erreichbarkeit/Zufahrtsmöglichkeit zum Gewässer beachten.
- Entfernung zwischen Hubrettungsfahrzeug und Einsatzort, ausreichende Ausladung?
- Die individuellen Ausladungswerte müssen bekannt sein.
- Bei Verwendung eines erweiterten Unterflurbetriebs sind die Herstellerangaben zur Herstellung zu beachten.

- Gegebenenfalls Schneeketten anlegen und abstumpfende Mittel verwenden, diese können unter die Reifen gestreut werden und erhöhen somit die Reibung.
- Belastung von Brücken nur innerhalb zugelassener Lasten und Einwirkungen auf das Brückenbauwerk vornehmen; vorhandene Gehwege und Radwege auf der Brücke meiden.

Bei der Kombination einer Persönlichen Schutzausrüstung gegen Ertrinken mit anderen Persönlichen Schutzausrüstungen, z. B. Atemschutzgeräte oder Kälteschutzausrüstung, Schutzkleidung, Chemie- und Wetterschutzbekleidung, die einen nicht definierten Eigenauftrieb besitzen oder zu Lufteinschlüssen neigen, ist eine Rettungsweste mit mindestens 275 N Auftrieb (DIN EN ISO 12402-2 »Persönliche Auftriebsmittel – Teil 2: Rettungswesten, Stufe 275 – Sicherheitstechnische Anforderungen«) erforderlich.

13 Anregungen

Gerade kleine Hilfsmittel haben oft eine große Wirkung, sie können die Einleitung oder Durchführung eines Einsatzes entscheidend erleichtern. Im Folgenden werden einige Aspekte vorgestellt und dazu angeregt, sich differenziert mit Ausrüstung, Betrieb und Umgang des eigenen Hubrettungsfahrzeuges auseinanderzusetzen. Das stetige Hinterfragen etablierter Maßnahmen und vorhandener Gerätschaften garantiert ein agieren am »Puls der Zeit«, um den ständig steigenden Anforderungen gerecht werden zu können.

13.1 Sinnvolle Zusatzausrüstungsgegenstände

Es ist empfehlenswert im regelmäßigen Abstand die vorhandene Ausrüstung und Beladung des eigenen Hubrettungsfahrzeuges zu überprüfen und zu hinterfragen. Hat dieser oder jener Gegenstand uns zuverlässig geholfen? Welcher hat uns gefehlt? Oder gibt es dazu zwischenzeitlich eine Neuerung auf dem Markt? Die nachfolgenden Punkte stellen kleine Helfer vor und benennen deren Vorteile

Sonnenbrille

Umgebungsbedingungen wie gleißendes Sonnenlicht oder eine tiefstehende Sonne können die Steuerung eines Hubrettungsfahrzeugs schwierig gestalten, insbesondere wenn der Einsatzort ein Eindrehen in die Abstrahlrichtung der Sonne erfordert. Durch die eintretende Blendung können u. U. Hindernisse übersehen oder nicht rechtzeitig erkannt werden. Eine griffbereit gelagerte Sonnenbrille kann schnell für einen blendfreien Blick sorgen und Zwischenfälle oder lange Unterbrechungen vermeiden.

Nachtsichtgerät/Restlichtverstärker

Neben den Schwierigkeiten durch sehr helle Gegebenheiten an einer Einsatzstelle können auch sehr dunkle oder vom Licht überstrahlte Einsatzorte das Erkennen von Hindernissen behindern. Damit filigrane Objekte, insbesondere (stromführende) Leitungen nicht übersehen werden, ist es sinnvoll, die Beladung um ein Nachtsichtgerät oder einen Restlichtverstärker zu ergänzen. Es sind sehr kompakte und preislich erschwingliche Geräte erhältlich, mit denen man experimentieren kann, ob sie einen Vorteil bei der Erkundung bringen können.

Bild 41: *Mit einem Nachtsichtgerät erkennbare Stromleitungen eines Freileitungsmastes (Bild: Fa. Bresser)*

Spaten

Nicht jedes Hubrettungsfahrzeug ist mit einem Spaten ausgerüstet, dabei kann ein Spaten ein wertvolles Hilfsmittel bei der Erkundung von Untergründen sein. Nicht markierte Randbereiche oder ungepflegte Aufstellflächen machen es schwer die genauen Abgrenzungen des extra verstärkten Untergrundes zu erkennen. Das wiederholte einstechen mit dem Spaten unterstützt hierbei die Erkundung, in welchem Ausmaß die Fläche verstärkt wurde, damit eine Stütze nicht in einem unbefestigten Bereich gelangen kann. Auch zum Entfernen von Eis, welches die Platzierung behindert, kann er eingesetzt werden.

Behälter mit Streu-/Abstumpfmittel

Die Ergänzung der Beladung um einen Behälter der Streumittel zur Abstumpfung einer Aufstellfläche enthält, versetzt die Besatzung in die Lage, schnell die Gefahren durch glatte Untergründe beseitigen zu können. Die Unfallgefahr rund um das Fahrzeug sinkt, da ein Ausrutschen vor den Geräteräumen oder Bedienständen verhindert und die sichere Platzierung des Fahrzeuges ermöglicht wird.

Sicherungspunkte im Korb – Nachrüstlösung

Um sich optimal vor der Gefahr eines Herausschleuderns aus dem Korb zu schützen (siehe Kapitel 6.2), sind entsprechend geeignete Sicherungsmittel einzusetzen. Zum sicheren Fixieren der Persönlichen Schutzausrüstung gegen Absturz sind dafür geeignete Festpunkte notwendig. Bei älteren Fahrzeugen können derartige Sicherungspunkte im Korb fehlen, in diesem Fall kann der Fahrzeughersteller mit der Fragestellung kontaktiert werden, ob zugelassene Nachrüstlösungen für den Korb erhältlich sind.

Bild 42: *Montierte Sicherungspunkte im Korb einer Drehleiter als Nachrüstlösung (Bild: Jens Meyer)*

13.2   Mitführen bei Türöffnungseinsätzen

Das in den jeweiligen Alarm- und Ausrückeordnungen festgelegte Kontingent, welches zu einer »hilflosen Person hinter einer verschlossenen Tür« entsandt wird, unterscheidet sich lokal stark voneinander. Es reicht von einem Einzelfahrzeug und Rettungswagen und geht bis hin zum Löschzug mit zusätzlichem RTW und NEF. Die Notwendigkeiten der Einheitsstärken sind sicherlich am eigenen Standort zu diskutieren. Die generelle Einbindung eines Hubrettungsfahrzeuges in ein solches

Alarmstichwort erhöht jedoch das Spektrum der Einsatzmöglichkeiten vor Ort erheblich. Durch die direkte Verfügbarkeit kann u. U. wertvolle Zeit eingespart werden. Frühzeitig kann parallel ein weiterer, möglicher Zugang erkundet werden. Immer mehr Wohnungsbaugesellschaften, Bauträger o. ä. verbauen extrem stabile Wohnungseingangstüren, um einem erhöhten Wunsch nach effektivem Einbruchschutz gerecht werden zu können. Die Bauarten solcher Türen erschweren jedoch häufig einen schnellen Zugang zu hilfebedürftigen Personen. Öffnungsversuche richten sehr oft einen hohen Schaden an der Tür und der Zarge an. Mit einem bereits vor Ort befindlichen Hubrettungsfahrzeug werden wesentlich schneller alternative Maßnahmen in Erwägung gezogen. Das Öffnen gekippter Fenster oder das Einschlagen von Glas können auch vom Korb aus erfolgen. Häufig ist dies auch der schnellere Weg mit geringerem Sachschaden.

Bild 43:   *Bei einem direkten Zugriff auf ein Hubrettungsfahrzeug kann schnell auch eine Fensteröffnung eingeleitet werden, um teils sehr stabile Türen umgehen zu können (Bild: Feuerwehr Oberammergau)*

> **Achtung:**
>
> Bei einem gewaltsamen Zerstören von Glas ist der Bereich unterhalb der Einschlag-
> stelle weiträumig abzusperren! Das Wegfliegen großer Stücke, auch über weite
> Strecken, muss berücksichtigt werden!

13.3 Einweisen und sichern feuerwehrfremder Personen

Auf die allgemein bestehenden Absturzgefahren und die Notwendigkeit präventive
Sicherungsmaßnahmen für Einsatzkräfte zu ergreifen, wurde bereits in Kapitel 6.2
hingewiesen. Das Einsatzgeschehen kann es aber auch erfordern, dass feuerwehr-
fremde Personen (Fachberater, Polizeibeamte etc.) im Korb eines Hubrettungsfahrzeuges befördert werden müssen. Für diesen Personenkreis bestehen dann im
gleichen Maß mögliche Absturzgefahren, zusätzlich verfügen sie nicht über Ausbildungen und Kenntnisse im Umgang mit derartigen Fahrzeugen.

Bild 44: *Elektrofachkraft mit angelegtem Auffanggurt zur Sicherung im Korb des
Hubrettungsfahrzeuges bei anschließender Arbeitsaufnahme (Bild: Thomas
Warnack)*

Vor dem Betreten sind die Personen mit den Besonderheiten der Fahrphysik, den möglichen Gefahren und wichtigen Sicherungsmaßnahmen vertraut zu machen. Durch die Besatzung des Hubrettungsfahrzeugs ist für Fremdkräfte die Verfügbarkeit erforderlicher Persönlicher Schutzausrüstung einzuplanen und deren Verwendung zu überwachen.

14 Sicherheitsassistent

Mit großer Priorität ist der Faktor Sicherheit an Einsatzstellen zu betrachten, um für die eingesetzten Kräfte, das Hubrettungsfahrzeug aber auch für eventuell eingebundene fremde Personen gefährdende Situationen angepasst und rechtzeitig erkennen und entschärfen zu können. Während einer Erkundungsphase an einer Schadenlage müssen eine Vielzahl an Informationen gewonnen und verarbeitet werden. Kommt Stress, insbesondere aufgrund eines bestehenden Zeitdrucks dazu, kann die Gefahr bestehen, einen relevanten Aspekt nicht ausreichend genug zu bewerten. Im schlimmsten Fall beeinträchtigt ein solcher Mangel die Sicherheit an der Einsatzstelle. Deshalb kann es hilfreich sein, eine zusätzliche Funktion ausschließlich

Bild 45: *Sicherheitsassistent im Einsatz – zusätzliches Paar Augen und Ohren zur Erhöhung der Sicherheit*

mit dem Auftrag »Sicherheit« an der Einsatzstelle zu etablieren – den Sicherheitsassistenten. Hauptaufgabe des Sicherheitsassistenten ist die Beobachtung und Bewertung von Gefährdungen, unsicheren Situationen und unsicheren Verhaltensweisen an der Einsatzstelle. Darüber hinaus entwickelt er Maßnahmen zur Gewährleistung der Sicherheit der Einsatzkräfte und schlägt diese dem Einsatzleiter vor. Er stellt quasi ein weiteres »Paar Augen und Ohren« für den Einsatzleiter/Einheitsführer dar und wirkt somit als »Risikomanager vor Ort«. Da er frei von anderen Tätigkeiten ist, kann er sich voll und ganz auf die Sicherheit konzentrieren.

14.1 Etablierung/Einordnung eines Sicherheitsassistenten

Die Etablierung eines Sicherheitsassistenten auch für den Einsatzabschnitt »Hubrettungsfahrzeuge« kann insgesamt die Sicherheit für viele Kräfte und Faktoren erhöhen. Allerdings kann der Assistent allein keine Garantie für eine Verbesserung der Sicherheit im Einsatz sein. Der grundsätzliche Schlüssel für den sicheren Erfolg liegt bei einem gut aus- und fortgebildetem Personal, dem Verwenden notwendiger Persönlicher Schutzausrüstung und einer passenden Auswahl von Technik und Taktik. Ein Einheitsführer/Einsatzleiter unterliegt primär einem Erfolgsdruck und muss überlegen »Wie ist der Auftrag zu erledigen, und wie ist er sicher abzuarbeiten?«. Der Sicherheitsassistent kann die Prioritäten umdrehen und sich fragen »Wie können wir sicher arbeiten, um den Auftrag zu erfüllen?«.

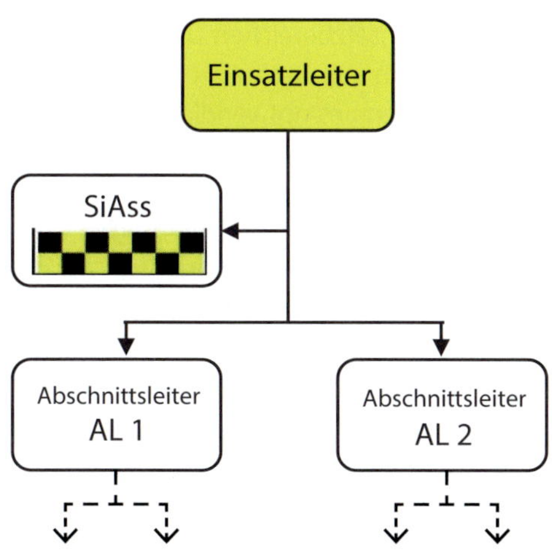

Bild 46: *Generelle Führungsstruktur mit Sicherheitsassistent; Als Stabsfunktion ist der SiAss dem Einsatzleiter bzw. Einheitsführer direkt unterstellt und unterstützt diesen bei der sicheren Abarbeitung des Einsatzes.*

Der Sicherheitsassistent ist nicht dafür da, um taktische Vorgehensweisen zu kritisieren, er ist dem Einsatzleiter/Einheitsführer unterstellt, der nach wie vor die Entscheidungsgewalt innehat. Allerdings hat der Sicherheitsassistent die Befugnis, bei einer akuten Gefährdung Führungsebenen überspringen zu dürfen, um sofort Einsatzkräfte zum Verlassen aus gefährlichen Situationen heraus aufzufordern oder um unsichere Maßnahmen abstellen zu lassen.

14.2   Qualifikation und Aufgaben beim TH-Hubrettungseinsatz

Hubrettungsfahrzeuge werden für eine Vielzahl unterschiedlichster Technischer Hilfeleistungen eingesetzt. Die universellen Einsatzmöglichkeiten und die immer andersartigen Einsatzgebiete machen es nötig über eine gesonderte Sicherheitsfunktion vor Ort verfügen zu können. Aufgrund seiner hohen Verantwortung darf diese Funktion nur mit besonders qualifizierten Kräften besetzt werden. Um den Einsatzabschnitt »Hubrettungsfahrzeug« vollumfänglich überwachen und beurteilen zu können, sollte der vorgesehene Sicherheitsassistent im Idealfall mindestens über eine Qualifikation zum Maschinisten für Hubrettungsfahrzeuge verfügen, um Hintergründe, Regelwerke und Notwendigkeiten rund um das Fahrzeug und dessen Bedienung zu kennen. Eine Qualifikation zum Gruppenführer und die Kenntnisse des Einsatzschemas für Hubrettungsfahrzeuge erweitert sein Urteilsvermögen um ausgedehnte, wichtige Bewertungsfaktoren. Zusätzlich machen es die teils sehr speziellen Rahmenbedingungen erforderlich, dass er sich umfangreich und teilweise im Detail mit Vorschriften, Merkblättern, Einsatzbereichen und -grenzen von Einsatzmitteln auskennt. Nur so ist es möglich einzuschreiten, Einsatzmaßnahmen zu beeinflussen oder gar zu unterbinden, wenn es notwendig ist. Beispielhafte, sicherheitsrelevante Überwachungsfaktoren sind:

- Beurteilung des Standortes,
- Absicherung des Fahrzeugs (Warnmittel, Absperrung),
- Absicherung des Bewegungsbereiches des Auslegers (Absperrung),
- Abstützvorgang/Betreten des Fahrzeuges,
- Anlegen/Anpassung von Schutzausrüstung
- und die richtige und sichere Verwendung der Einsatzmittel.

Die Überwachungsaufgaben sind dynamisch, eine einmalige, statische Beurteilung reicht nicht aus, sie sind laufend zu kontrollieren und gegebenenfalls anzupassen.

14.3   Kennzeichnung des Sicherheitsassistenten

Zur Akzeptanz und zur Vermeidung eines Zeitverzuges bei dringendem Einschreiten ist eine einheitliche Kennzeichnung des Sicherheitsassistenten zu seiner eindeutigen Identifizierung erforderlich. Weiterer Vorteil seiner offensichtlichen Kennzeichnung ist, dass seine bloße Anwesenheit an der Einsatzstelle schon ausreichen kann, damit eingesetzte Kräfte sicherer und vorschriftsgetreuer arbeiten. Es empfiehlt sich, ihn mit einer Kennzeichnungsweste zu versehen. Die Farbgebung der Weste sollte sich an den örtlich noch verfügbaren Farben orientieren, um nicht in einen Konflikt mit anderen gekennzeichneten Funktionen zu geraten. Bisher beobachtet man sehr oft eine weiße Weste mit deutlichen Symbolen zur Unterscheidung von Abschnittsleiterkennzeichnungen. Denkbar sind ein großes »S« für »Sicherheit« auf Brust und Rücken der Weste. Oder auch in Verbindung mit einem Karomuster unterschiedlicher Farbzusammensetzungen, z. B. schwarz-gelb, diese Farbgebung ist vielen aus der Arbeitssicherheit zur Markierung von Gefahrstellen bekannt.

14

Fazit

Hubrettungsfahrzeuge sind ein unverzichtbares Hilfsmittel für die Bewältigung der vielfältigen technischen Einsatzlagen der Feuerwehr, sie ergänzen oder ermöglichen erst die Durchführung notwendiger Einsatzmaßnahmen. Jedoch hängt ein positiver Einsatzverlauf nicht nur von dem alleinigen beherrschen der Technik, der Ausstattung und der Fahrzeugausrüstung ab. Nur im Zusammenwirken mit einer tiefgreifenden, regelmäßigen Ausbildung sowie der Auswahl der erforderlichen Taktik und geeigneter Schutzmaßnahmen ist das Gesamtziel, der sichere und richtige Einsatz von Hubrettungsfahrzeugen im technischen Hilfeleistungseinsatz, zu erreichen. Die in diesem Buch vorgestellten Einsatzmöglichkeiten zeigen sehr deutlich auf, dass die Besatzung eines Hubrettungsfahrzeuges über umfangreiche und vielfältige Kenntnisse verfügen muss. In der Folge sollten entsprechende Schulungs- und Fortbildungspläne aufgestellt oder angepasst werden.

Literatur- und Quellenverzeichnis

Arbeitsgemeinschaft der Leiter der Berufsfeuerwehren Nordrhein-Westfalen (AGBF NRW): Gefährdungsbeurteilung Einsatz, 2016.

Arbeitsgemeinschaft der Leiter der Berufsfeuerwehren in Nordrhein-Westfalen (AGBF NRW): »(Muster-)Gefährdungsbeurteilung für die Feuerwehr: Bereiche Einsatz, Ausbildung und Übung«, 12.03.2017, online verfügbar unter: https://www.vdf-nrw.de/uploads/tx_bitloftvdfnrwdown¬load/Mustergefaehrdungsbeurteilung.pdf, letzter Zugriff: 17.03.2020.

Arbeitsgemeinschaft der Leiter der Berufsfeuerwehren (AGBF Bund): Fachempfehlung des Fachausschusses Technik der deutschen Feuerwehren, »Vermeidung von Stromunfällen beim Einsatz von Hubrettungsfahrzeugen«, 25.05.2018, online abrufbar unter: http://www.feuerwehrver¬band.de/fileadmin/Inhalt/FACHARBEIT/FB4_Technik/AGBF_DFV-Fachempfehlung_Stromunf%C3%A4lle_Hubrettungsfzg.pdf, letzter Zugriff: 17.03.2020.

Arbeitsgemeinschaft der Leiter der Berufsfeuerwehren (AGBF Bund): »Empfehlung der AGBF – Spezielle Rettung aus Höhen und Tiefen«, 2. Auflage 2010, online abrufbar unter: http://www.inneres.sachsen-anhalt.de/ibk-heyrothsberge/download/hrd/empfehlung/agbf_empfeh¬lung_srht.pdf, letzter Zugriff: 17.03.2020.

Bedienungsanleitung Gegenläufige Doppelblattsäge: TwinSaw CRE 2326, Edition 2009, 1. Auflage, online abrufbar unter: https://www.be-ettiswil.ch/de/amfile/file/download/file_id/20/product_id/28165/, letzter Zugriff: 17.03.2020.

Berufsgenossenschaft Holz und Metall (BGHM): Arbeitsschutz Kompakt Nr. 074, »Winkelschleifer«, Stand Januar 2018.

Deutsche Gesetzliche Unfallversicherung (DGUV): Publikationen, online verfügbar unter: https://publikationen.dguv.de/, letzter Zugriff: 17.03.2020.

Deutsche Gesetzliche Unfallversicherung (DGUV): DGUV Vorschrift 49: »Feuerwehren«, Ausgabedatum: 2018.06.

Deutsche Gesetzliche Unfallversicherung (DGUV): DGUV Information 205-014: »Auswahl von persönlicher Schutzausrüstung für Einsätze bei der Feuerwehr. Basierend auf einer Gefährdungsbeurteilung«, Ausgabedatum: 2016.09.

Deutsche Gesetzliche Unfallversicherung (DGUV): DGUV Information 214-059: »Ausbildung für Arbeiten mit der Motorsäge und die Durchführung von Baumarbeiten«, Ausgabedatum: 2018.11.

Deutsche Gesetzliche Unfallversicherung (DGUV): DGUV Information 205-010 (BGI/GUV-I 8651): »Sicherheit im Feuerwehrdienst«, Ausgabedatum: 2006.01, Stand: Juli 2011.

Deutsche Gesetzliche Unfallversicherung (DGUV): DGUV Regel 112-201: »Benutzung von persönlichen Schutzausrüstungen gegen Ertrinken«, Ausgabedatum: 2015.10.

Deutsche Gesetzliche Unfallversicherung (DGUV): DGUV Regel 114-018: »Waldarbeiten«, Ausgabedatum: 2009.06.

Fachgruppe D-A-CH-S: »PSA gegen Absturz«, online abrufbar unter: http://www.bauforumplus.eu/fileadmin/user_upload/EU/D-A-CH-S/PSA_gegen_Absturz.pdf, letzter Zugriff: 20.04.2020.

Fachgruppe D-A-CH-S: »Aus- und Übersteigen aus Arbeitsbühnen und Arbeitskörben«, online abrufbar unter: https://dzvms16.kohlhammer.de/wkgate/#/client/MjkwAGMAbXlzcWw=, letzter Zugriff: 20.04.2020.

Fachgruppe D-A-CH-S: »PSA gegen Absturz bei der Verwendung von Hubarbeitsbühnen mit Ausleger«, online abrufbar unter: https://dzvms16.kohlhammer.de/wkgate/#/client/MjkwAG¬MAbXlzcWw=, letzter Zugriff: 20.04.2020.

Feuerwehr-Unfallkasse Niedersachsen (FUK Niedersachsen): »INFO–Blatt ›Motorsägearbeiten – Drehleiterkorb‹«, Stand August 2019, online abrufbar unter: https://www.fuk.de/fileadmin/user_up¬load/fuk/service/info-dblaetter/einsatz/Motorsaegearbeiten-Drehleiter_09-17.pdf, letzter Zugriff: 20.04.2020.

Feuerwehr-Unfallkasse für Hamburg, Mecklenburg-Vorpommern und Schleswig-Holstein (HFUK Nord) und Feuerwehr-Unfallkasse der Länder Sachsen-Anhalt und Thüringen (FUK Mitte): Der Sicherheitsbrief Nr. 30, Ausgabe 2/2011.

Homepage »Sicherheitsassistent« online abrufbar unter: https://www.sicherheitsassistent.info/, letzter Zugriff: 17.03.2020.

Krause, Jens: »Gefährdungsbeurteilung für Hubrettungsfahrzeuge?« in: BRANDSchutz//Deutsche Feuerwehr-Zeitung 10/11, Seite 787 ff.

Landesfeuerwehrschule Baden-Württemberg: »Einfache Rettung aus Höhen und Tiefen«, 2016, online abrufbar unter: http://www.ffschwandorf.de/attachments/article/446/Einfache_Rettung_Hoehen_Tiefen.pdf, letzter Zugriff: 17.03.2020.

Liedtke, Björn: Die Roten Hefte 403: »Halligan-Tool«, Verlag W. Kohlhammer, 2018.

Melioumis, Michael/Brandel, Rudolf: Die Roten Hefte 207: »Ausleuchten von Einsatzstellen«, Verlag W. Kohlhammer, 2009.

Niedersächsische Akademie für Brand und Katastrophenschutz (NABK): »Technische Hilfeleistung«, Lehrunterlagen, online abrufbar unter: https://www.nabk.niedersachsen.de/service/nabk_landeslernunterlagen/technische_ausbildung/technische_hilfeleistung/downloadbereich-feuerwehr-dienstvorschriften-144256.html, letzter Zugriff: 20.04.2020.

Thöne, Walle: Die Roten Hefte 225: »Hubrettungsfahrzeuge im Lasthebeeinsatz«, 2015.

Unger, Jan Ole/Beneke, Nils/Thrien, Klaus: »Hubrettungsfahrzeuge. Ausbildung und Einsatz«, Verlag W. Kohlhammer, 3., überarbeitete Auflage 2019.

Vereinigung zur Förderung des Deutschen Brandschutzes e. V. (vfdb): »Merkblatt Empfehlung für den Feuerwehreinsatz in der Nähe von Funksendeanlagen«, April 2018, online abrufbar unter: https://www.vfdb.de/fileadmin/Referat_10/Merkblaetter/Aktuelle_Endversionen/MB10_12_Funksendeanlagen_Ref10_2018_04.pdf, letzter Zugriff: 17.03.2020.

Vereinigung zur Förderung des Deutschen Brandschutzes e. V. (vfdb)

Achtung:

Es sind grundsätzlich auch die Betriebsanleitungen der jeweiligen Hubrettungsfahrzeuge – erstellt durch den Hersteller – zu lesen und zu beachten.

Anhang

Anhang 1:
Windstärkentabelle Beaufort

Beaufort	m/s	km/h	Bezeichnung	Wirkung (an Land)
0	0–0,2	1	Windstille	Keine Luftbewegung; Rauch steigt senkrecht empor
1	0,3–1,5	1–5	Leiser Zug	Kaum merklich; Rauch treibt leicht ab; Windflügel und Windfahnen unbewegt
2	1,6–3,3	6–11	Leichte Brise	Blätter rascheln; Wind im Gesicht spürbar
3	3,4–5,4	12–19	Schwache Brise	Blätter und dünne Zweige bewegen sich; Wimpel werden gestreckt
4	5,5–7,9	20–28	Mäßige Brise	Zweige bewegen sich; loses Papier wird vom Boden gehoben
5	8,0–10,7	29–38	Frische Brise	Größere Zweige und Bäume bewegen sich; Wind deutlich hörbar
6	10,8–13,8	39–49	Starker Wind	Dicke Äste bewegen sich; hörbares Pfeifen an Drahtseilen; in Telefonleitungen
7	13,9–17,1	50–61	Steifer Wind	Bäume schwanken; Widerstand beim Gehen gegen den Wind
8	17,2–20,7	62–74	Stürmischer Wind	Große Bäume werden bewegt; Fensterläden werden geöffnet; Zweige brechen von Bäumen; beim Gehen erhebliche Behinderung
9	20,8–24,4	75–88	Sturm	Äste brechen; kleinere Schäden an Häusern; Ziegel und Rauchhauben werden von Dächern gehoben; Gartenmöbel werden umgeworfen und verweht; beim Gehen erhebliche Behinderung

Beaufort	m/s	km/h	Bezeichnung	Wirkung (an Land)
10	24,5–28,4	89–102	Schwerer Sturm	Bäume werden entwurzelt, Baumstämme brechen; Gartenmöbel werden weggeweht; größere Schäden an Häusern; selten im Landesinneren
11	28,5–32,6	103–117	Orkanartiger Sturm	Heftige Böen, schwere Sturmschäden; schwere Schäden an Wäldern (Windbruch); Dächer werden abgedeckt; Autos werden aus der Spur geworfen; dicke Mauern werden beschädigt; Gehen ist unmöglich; sehr selten im Landesinneren
12	32,7–36,9	118–133	Orkan	Schwerste Sturmschäden und Verwüstungen; sehr selten im Landesinneren

Anhang 2:
Einsatzkurzprüfung Motorsäge

Kurzprüfung Motorsäge vor einem Einsatz		
Eine Motorsäge muss sich in einem einwandfreien und betriebssicheren Zustand befinden, daher sollte vor einem Einsatz eine Kurzprüfung erfolgen. Diese beinhaltet eine Sicht- und Funktionskontrolle. So können Gefahren, die auf technische Mängel der Motorsäge zurückzuführen sind, weitestgehend ausgeschlossen werden.		
Sichtprüfung auf äußere Beschädigung:		
geprüft wird:	*keine Beanstandung*	*Beschädigung/ Mängel*
Gehäuse		
Kettenfangbolzen		
Krallenanschlag		
Sägekette		

Sichtprüfung auf Verschmutzung		
geprüft wird:	*keine Verschmutzung*	*Verschmutzung/ Mängel*
Schmierbohrungen (um einwandfreie Schmierung zu gewährleisten)		
Handgriffe (um einen sicheren Halt zu gewährleisten)		
(allg.) Kontrolle		
geprüft wird:	*keine Beanstandung/ Ja*	*Beschädigung/Män- gel/Nein*
Anbauteile (z. B. Sind die Schienen fest?)		
Ist die Kette richtig herum aufgezo- gen?		
Ist die Kettenspannung richtig ein- gestellt?		
Kurze Funktionsprüfung der Ketten- bremse (mit vorderem Handschutz)		

Anhang 3:
Stromschläge und deren Wirkung auf den menschlichen Körper

Wechselstrom AC		Gleichstrom DC	
Stromstärke (Richtwerte)	**Wirkung auf den Menschen**	**Stromstärke (Richtwerte)**	**Wirkung auf den Menschen**
bis 1 mA	**Reizschwelle** Strom ist kaum spürbar	bis 2 mA	**Wahrnehmbarkeits- schwelle**

Wechselstrom AC		Gleichstrom DC	
Stromstärke (Richtwerte)	Wirkung auf den Menschen	Stromstärke (Richtwerte)	Wirkung auf den Menschen
5 mA	**Elektrisieren/Ameisen-laufen/Kribbeln.** Der Leiter kann noch los-gelassen werden, 5 – 10 mA werden als schmerzhaft empfunden	bis 100 mA	**Schmerzschwelle** Ohne Muskelkrämpfe, beim Ein- und Ausschalten stechende Schmerzen in den Gelenken und Wärmegefühl
15 mA	**Krampfschwelle** Loslassgrenze möglicher-weise überschritten. Ver-krampfung der Atem-muskulatur möglich	ab 100 mA	**Todesschwelle** Tödliche Wirkung, Herz-stillstand/Herzkammerflim-mern je nach Expositions-zeit ab 100 mA möglich **Krampfschwelle** Muskelverkrampfungen Loslassen erst nach Sekun-den oder Minuten möglich, insbesondere ab 300 mA
50 mA	**Gefahrenschwelle** Atmung wird behindert, evtl. Herzstillstand/Herz-kammerflimmern		
ab 80 mA	**Todesschwelle** Tödliche Wirkung: Herz-stillstand/Herzkammerflim-mern nach 0,3 bis 1 Sekunde wahrscheinlich		

Anhang 4:
Musterausbildungsplan für die Aus- und Fortbildung an Hubrettungsfahrzeugen der Projektgruppe Feuerwehr-Dienstvorschriften

Die Projektgruppe Feuerwehr-Dienstvorschriften des Ausschusses Feuerwehrangelegenheiten, Katastrophenschutz und zivile Verteidigung hat im September 2012 den »Musterausbildungsplan für die Aus- und Fortbildung an Hubrettungsfahrzeugen« beschlossen und den Ländern zur Einführung empfohlen. Der Musterausbildungsplan kann im Volltext im Internet unter *www.drehleiter.info* heruntergeladen werden. Nachstehend sind auszugsweise nur die Lehrinhalte dargestellt.

Ausbildungseinheit	Zeit	Groblernziele Die Teilnehmer müssen	Inhalte	LZS	Empfohlene Methode
Lehrgangsorganisation	1	über Ablauf und Zielsetzung des Lehrgangs informiert werden und am Lehrgangsende Gelegenheit zur Kritik erhalten.	▪ Organisatorisches ▪ Stundenplan ▪ Lernziele ▪ Abschlussgespräch	1	Unterrichtsgespräch
Die Besatzung und deren Aufgabenbereiche	1	die Aufgabenbereiche und Zuständigkeiten der Besatzung eines Hubrettungsfahrzeugs erklären können.	▪ Aufgaben und Zuständigkeiten im Einsatz der Besatzung ▪ sonstige Aufgaben und Zuständigkeiten	2	Unterrichtsgespräch

Aus-bildungs-einheit	Zeit	Groblernziele Die Teilnehmer müssen	Inhalte	LZS	Empfohlene Methode
Fahrzeug-kunde/ Fahrzeug-technik	4	Die verschiede-nen genormten Arten und Typen der Hubrettungs-fahrzeuge be-nennen können, grundsätzlicher Aufbau und Funktionsweise erklären können, Norm-Begriffe anwenden und erklären können.	▪ Normung (DIN EN 14043, 14044, 1777)	1	Lehrvortrag/ Unterrichts-gespräch/ praktische Unter-weisung
			▪ Begriffe	2	
			▪ Arten und Typen Hubret-tungsfahrzeuge	1	
			▪ Abmessungen	2	
			▪ Beladung	1	
			▪ Funktions-prinzipien	2	
			▪ Technik des Hubrettungs-satzes	2	
			▪ Physikalische Grundlagen	2	
			▪ Pflege und Wartung	2	
Unfall-verhütung	1	Grundlagen, die für einen sicheren Betrieb von Hubrettungsfahr-zeugen notwen-dig sind, nennen können	▪ Feuerwehr-Dienst-vorschriften		Unterrichts-gespräch/ Lehrvortrag
			▪ Unfall-verhütungs-vorschriften	2	
			▪ Bedienungs-anleitung	2	
			▪ Betriebs-anweisungen	2	

Ausbildungseinheit	Zeit	Groblernziele Die Teilnehmer müssen	Inhalte	LZS	Empfohlene Methode
Baurecht	1	Den Zusammenhang von Baurecht und dem Einsatz von Hubrettungsfahrzeugen erklären können.	▪ Flächen für die Feuerwehr	2	Unterrichtsgespräch/ Lehrvortrag
			▪ 2. Rettungsweg gemäß Landesbauordnung	2	
Bedienung	5	Das Hubrettungsfahrzeug von allen Steuerständen aus sicher bedienen und alle möglichen Funktionen erklären können	▪ Fahren und Inbetriebnahme des Hubrettungsfahrzeugs	2	Lehrvortrag/ praktische Unterweisung/ Stationsarbeit
			▪ Steuerung/ Bedienung der Abstützung	2	
			▪ Steuerung/ Bedienung vom Hauptsteuerstand	2	
			▪ Steuerung/ Bedienung vom Korbsteuerstand	2	
Sicherheitseinrichtungen	2	Die im Hubrettungsfahrzeug verbauten Sicherheitseinrichtungen benennen und die Funktionsweise erklären können	▪ mögliche Einbauarten und Funktionsweise aller wirksamen Sicherheitseinrichtungen in Hubrettungsfahrzeugen	2	Lehrvortrag/ Unterrichtsgespräch/ praktische Unterweisungen

Aus-bildungs-einheit	Zeit	Groblernziele Die Teilnehmer müssen	Inhalte	LZS	Empfohlene Methode
Notbetrieb	3	Die verschiedenen Notbetriebsarten erklären und Störungen erkennen, eine Störungssuche und Fehlerbehebung durchführen können	▪ mögliche Störungen während des Betriebs	2	Lehrvortrag/ praktische Unterweisung
			▪ die unterschiedlichen Notbetriebsarten durchführen	2	
Zusatz-einrichtungen	3	Die unterschiedlichen Zusatzeinrichtungen des Hubrettungsfahrzeugs erklären, zurüsten und bedienen können	▪ Wenderohr	2	Lehrvortrag/ praktische Unterweisung
			▪ Krankentragenhalterung	2	
			▪ Beleuchtungseinrichtungen	2	
Einsatz-bereiche, Einsatz-taktik	3	Die verschiedenen Einsatzarten für Hubrettungsfahrzeuge und unterschiedliche Anleiterarten kennen und anwenden können.	▪ Menschenrettung	2	Lehrvortrag/ praktische Unterweisung
			▪ Brandbekämpfung	2	
			▪ Technische Hilfeleistung	2	
			▪ Anleiterarten	2	
			▪ Leiterbrücke	2	
			▪ Fest- und Haltepunkt	2	
Einsatz-grund-sätze für Hub-rettungs-fahrzeuge	2	Die Einsatzgrundsätze für Hubrettungsfahrzeuge erklären können.	▪ Hindernisse	2	Unterrichtsgespräch/ Lehrvortrag
			▪ Abstände	2	
			▪ Untergrund	2	
			▪ Sicherheit	2	

Aus-bildungs-einheit	Zeit	Groblernziele Die Teilnehmer müssen	Inhalte	LZS	Empfohlene Methode
Einsatz-übungen	6	Die in Theorie und Praxis erworbenen Kenntnisse und Fähigkeiten in verschiedenen Einsatzübungen mit dem Hubrettungsfahrzeug anwenden.	▪ Verschiedene ▪ Einsatzarten ▪ Unterschiedliche Anleiterarten ▪ Zusatz-einrichtungen	3 3 3 3	Einsatz-übungen
Leistungs-nachweis	3	schriftlicher und praktischer Leistungsnachweis	▪ Gesamter Lehr-stoff		
Gesamt-stunden	35				

Die Lernzielstufen entsprechen der Feuerwehr-Dienstvorschrift 2, Teil II, Punkt 1.1 ff.

Björn Liedtke

Halligan-Tool

3., überarb. Auflage 2019
88 Seiten mit 49 Abb. und 3 Tab. Kart. € 10,–
ISBN 978-3-17-034495-2
Die Roten Hefte/
Gerätepraxis kompakt Nr. 403

Das Halligan-Tool ist ein Kombinationswerkzeug, das aus den USA stammt und inzwischen auch von vielen deutschen Feuerwehren z. B. zur Schaffung von gewaltsamen Zugängen, Durchdringung von Verglasungen oder bei der Technischen Hilfeleistung eingesetzt wird. Das Heft der Reihe „Die Roten Hefte/Gerätepraxis kompakt" stellt die verschiedenen Varianten des Halligan-Tools sowie geeignete Hilfsmittel ausführlich vor und gibt praxisbezogene Hinweise und Tipps für die Anwendung bei Brand- und Hilfeleistungseinsätzen.

Björn Liedtke ist Oberbrandmeister bei der Berufsfeuerwehr Bielefeld.

Norbert Heinkel

Lagefeststellung und Erkundung nach Verkehrsunfällen

2020. 91 Seiten mit 56 Abb. und 1 Tab.
Kart. € 19,–
ISBN 978-3-17-037365-5

Im Mittelpunkt der Grundausbildung stehen meistens Brandeinsätze, sodass der Umgang mit Verkehrsunfällen leider nur wenig Beachtung findet. Um diesem Umstand entgegenzuwirken, widmet sich der Autor in seinem Buch der Technischen Hilfeleistung bei Verkehrsunfällen und geht hierbei insbesondere auf den ersten Aspekt des Führungsvorgangs nach FwDV 100, der Lagefeststellung, ein. Als Grundlage für einen erfolgreichen Einsatz werden Hinweise zur fahrzeugspezifischen Vorgehensweise sowie die wichtigsten Merkregeln vorgestellt. Orientiert an den „Vier Phasen der Erkundung" vermittelt der Autor hilfreiche Tipps. Ideen, wie der Aspekt der Lagefeststellung bei Verkehrsunfällen besser in die Ausbildung integriert werden könnte, runden den Titel ab.

Norbert Heinkel arbeitet bei der Berufsfeuerwehr Darmstadt und ist Kreisbrandmeister im Kreisfeuerwehrverband Odenwaldkreis.

Digital-Ausgabe erhältlich in der BRANDSchutz-App und als E-Book.
Leseproben und weitere Informationen:
www.kohlhammer-feuerwehr.de

Unger/Beneke/Thrien

Hubrettungsfahrzeuge
Ausbildung und Einsatz

3., überarb. Auflage 2019
221 Seiten mit 116 Abb. und 10 Tab.
Kart. € 29,–
ISBN 978-3-17-035837-9

Die Feuerwehren halten Hubrettungsfahrzeuge – Drehleitern und Hubarbeitsbühnen – vor, um Menschen aus Gefahren in großer Höhe zu retten. Sie sichern damit eingeschlossenen Personen den baurechtlich geforderten zweiten Rettungsweg. Dieser lebensrettende Einsatz erfordert eine umfassende technische und taktische Ausbildung der Besatzungen des Hubrettungsfahrzeugs. In diesem Fachbuch werden die technischen Merkmale der verschiedenen Hubrettungsfahrzeuge und deren Einsatzarten sowie die unterschiedlichen Anleiterarten behandelt. Standards der Einsatztaktik, das Einsatzschema für Hubrettungsfahrzeuge mit der HAUS-Regel sowie praxisorientierte Hinweise zur Aus- und Fortbildung am eigenen Standort auf Grundlage des Musterausbildungsplans der Projektgruppe Feuerwehr-Dienstvorschriften ergänzen den Inhalt.

Jan Ole Unger, Brandamtmann, ist stellvertretender Leiter der Presse- und Öffentlichkeitsarbeit der Feuerwehr Hamburg. Nils Beneke, Brandamtsrat, ist bei der Berufsfeuerwehr Hannover tätig. Klaus Thrien, Brandamtsrat, leitet das Sachgebiet Aus- und Fortbildung der Feuerwehr Paderborn. Die Autoren sind Gründer des Ausbildungsportals DREHLEITER.info.